전기설계개론

[설계 기초에서 제작의 기본까지]

広瀬敬一 원저, 炭谷英夫 저
한양대학교 에너지변환연구실 옮김

홍릉과학출판사

DENKIGAKKAIDAIGAKUKOZA DENKISEKKEIGAIRON〔4HANKAITEI〕
–SEKKEIKISOKARA SEIZUNOKIHONMADE–
by Denki–gakkai

First published in Japan by The Institute of Electrical Engineers of Japan
Korean translation rights arranged with The Institute of Electrical Engineers of Japan
through Imprima Korea Agency.

머리말

전기학회는 1888년에 창립된 학자, 기술자 및 전기 관계 법인의 회원 조직이며, 그 주된 목적은「전기에 관한 연구와 진보, 그리고 성과의 보급을 통해 학술의 발전과 문화의 향상에 기여한다.」는 것에 있다.

전기학회는 상기의 목적을 출판을 통해 달성하기 위해서 대학 강좌 시리즈를 시작으로 하는 도서 출판을 기획해, 많은 도서들이 대학, 고등전문학교 등의 교과서로써 사용되고 있다. 뿐만 아니라 이러한 도서는 다양한 분야의 직장, 사회인에게 교재로서 읽혀지고 있어 전기주임 기술자, 에너지 관리사 또는 정보처리 기술자 등의 자격을 취득하는 데 도움이 될 수 있어 기술자 양성에 한 부분을 담당하고 있다.

한편 과학기술의 진보에 수반해서 새로운 기술 분야가 차례로 생겨나고, 기존의 분야를 횡단한 학술적 지식이 기술자에 요구되고 있다. 이러한 사실을 반영하여 대학 공학부의 강의 과목과 그 내용, 시간 배분이 다양화되는 경향을 보이고 있다.

전기학회에서는 기술의 진보와 교육 방법의 개편에 대처하는 것을 방침의 최우선으로 하고 있어, 예를 들면 전국에 있는 대학의 전기공학 및 관련 학과의 강의 과목, 내용, 시간을 분석하고, 당회 발행 도서에 대해 실제로 강의에 사용하고 있는 교수님의 의견을 듣는 등 요즘의 강의 과목에 적절한 교과서를 제작, 또는 개정하고 있다.

게다가 산업계로부터의 요청에 응하고, 현장 기술자, 연구자에게 도움이 되는 내용의 전문 기술서를 시의적절하게 발행할 수 있도록 노력하고 있다.

전기공학, 또 전자공학의 성과는 오늘날의 모든 산업과 기술에 적용되어 그 발전에 기여하고 있다고 해도 과언이 아니다. 따라서 전기·전자 공학의 지식의 학습과 갱신은 그것을 전공하는 학생 및 기술자뿐 아니라 다른 각종 기술 분야에 종사하는 사람들에 있어서도 필수불가결하다. 한편, 전기·전자 기술자에 있어서는 관련 기술 분야의 지식의 학습이 더욱 더 필요하게 되고 있다.

벌써 전기학회의 교과서나 도서로 배운 사람들의 수가 수백 만 명에 이르고 있어, 당시의 학생들이 오늘날의 각계의 지도자로서 활약하고 계시는 분이 많아 하나의 전통을 만들기에 이르고 있다.

이상 같은 목적과 배경 아래, 조직적으로 제작된 예지의 소산인 이 책의 내용이 독자에게 유감없이 흡수되어 능력 양성에 도움이 되어 나아가서는 우리 국가의 발전에 한층 이바지할 것을 바랄 따름이다.

마지막으로 소중한 의견과 자료를 제공해 주신 대학 및 고등전문학교 등의 선생님을 시작해 관계자 여러분에게 깊은 사례 말씀 드림과 동시에, 책 제작의 추진에 임해온 임원, 편찬위원, 집필위원 여러분에게 깊은 감사의 뜻을 전한다. 또한 실무에 종사하며 노력해온 직원 여러분의 노고에도 아울러 감사의 뜻을 전한다.

2007年 11月
사단법인 전기학회
출판사업위원회

4판 개정에 앞서

이 책의 초판 발행은 1951년 8월이다. 그 후, 개정판이 1967년 5월에, 제2차 개정판이 1976년 2월에, 제3차 개정판이 1984년 4월에 발행되었고, 그 목적은 주로 표준 규격의 개정에 맞추기 위해 혹은 학술 용어의 개정에 대응하기 위해서이다.

또, 단위계도 SI 단위계로 변경되었지만, 실용상 아주 친숙했던 힘 [N] 및 압력 [Pa]은 그대로 남아 있었다.

이번 개정에서는 마지막 개정 이후의 약 20년간에 개정된 신 규격에 대응되는 것을 중심으로 필요하다고 생각되는 부분에서는 생략되어 있던 도입적인 기술을 추가했다.「이렇게 계산 한다」가 아니고「이러한 생각으로 계산식이 이끌렸다」라는 방식을 추가했다.

또한 물건을 만들기 위해 도면이 필요하며, 그것을 생각하기 위해 사람은 자신의 생각을 전달하고, 사람이 그린 도면을 읽을 수 있도록 마지막 장에 제도의 기본을 짧게 요약하였다.

이 책은 전기기기의 설계에 종사하는 사람의 기초 학습용으로서 기술되고 있어 중요한 지침을 주는 것을 목적으로 하고 있다. 본격적인 설계법은 각 제조업자가 독자적으로 개발한 방법이 확립되어 있어 이 책에 기술된 내용을 그대로 이용하는 것은 바람직하지 않을 수도 있다. 그러나 가장 원리적이고 기본적인 내용을 선택해 기술하고 있으므로, 충분히 활용하여 설계법의 이해에 도움이 될 것으로 기대하고 있다.

2007年 11月
스미타니 히데오

범례

1. 학술 용어는 문부 과학성 제정의 학술 용어, 전기학회 전문 용어집 및 일본공업규격으로 채택되고 있는 용어에 의거하였다.
2. 단위는 국제단위계(SI)를 원칙으로 하였다.
3. 중요 용어는 그 용어가 주로 설명되고 있는 부분이나 처음 사용될 때에 굵은 글씨로 나타내었다.
4. 본문에서 기술한 내용 중 보완 설명을 필요로 하는 것은 각주로 표시하였다.
5. 그림, 표 및 식 번호는 본문 중 각 문장에 대해 일련번호로 나타냄으로써 인용의 편리를 도모하였다.
6. 그림과 표를 본문에서 최초로 인용할 때는 그림이나 표 번호를 굵은 글씨로 나타내었다.
7. 그림기호는 원칙으로서 일본공업규격 「JIS C 0617 시리즈 전기용도 기호」에 따랐다.
8. 단위기호와 양의 기호는 원칙으로써 일본공업규격 「JIS Z 8202 시리즈 량 및 단위」에 따라 양의 기호는 V, I, ϕ, u, i와 같이 이탤릭체로, 단위 기호는 V, A, Wb와 같이 입체문자를 사용하였다.
9. 양을 나타내는 기호 뒤에 단위기호를 붙이는 경우에는 두 경우의 구별을 명확히 하기 위해 단위기호를 괄호 안에 표기하였다. 예 V[V], I[A]
10. 점, 선, 소자 등을 영문자로 표기하는 경우에는 입체문자를 이용하였다.

    예 **점 P, 코일 C, 전압계 V**

    다만, 관례로서 저항 R, 콘덴서 C와 같이 이러한 소자가 갖는 전기적 양으로 소자를 나타내는 경우와 같은 예외도 있다.
11. 연산 기호는 일본공업 규격 I 「JIS Z 8201 수학 기호」에 따라 원칙으로써 입체문자로 나타내었다.

    예 $\mathrm{sin}, \mathrm{d}, \sum, \ln, \log$ **단, Δ는 양의 의미의 경우는 이탤릭체로 표기하였다.**
12. 자연대수는 ln, 상용대수는 log로 나타내었다.
13. 자연대수의 e=2.71828…, 및 허수단위 $\sqrt{-1}$ 을 나타내는 j는 일본공업규격 JIS Z 8201에 따라 입체문자를 사용하였다.
14. 지수함수는 지수가 간단할 때는 e^x 형태로, 복잡한 식일 때는 $\exp(x)$ 형태로 나타내었다.
15. 그 외의 그림기호, 약자에 대해서는 본문에 필요에 맞게 명시하였다.

차례

제 1 장 총설

제 2 장 규격, 사양서

제 3 장 전기 재료

제 4 장 온도 상승

제 5 장 냉각 방식

제 6 장 보호 방식

제 7 장 유도기전력

제 8 장 권선

제 9 장 누설 리액턴스

제10장 자기회로

제11장 손실 및 효율

제 12 장 사용 및 정격

제 13 장 치수의 결정

제 14 장 기계적 설계

제15장 회전기 설계 예

제16장 제도의 기본

제 1 장 총설

1.1 서 론

설계는 (i) 사용 목적에 맞는 성능을 가지는 기기를 (ii) 가장 경제적으로, (iii) 가장 빠른시간 내에 제작하도록 고안하고 계획하는 기술이다. 또한 기기의 제작을 완료하기까지는 물론, 경우에 따라서는 완성 후 오랫동안 설계자가 해당 기기에 대해 책임을 지고 있는 실정이다.

위의 세 가지 조건, 즉 성능과 가격과 납기일과의 관계는 매우 복잡하다. 예를 들어 아무리 비용과 시간이 걸려도 가능한 한 성능이 뛰어난 것을 요구하기도 할 것이다. 성능이나 가격은 다소 희생을 해도 신속한 물건을 원하기도 한다. 또 가격이 싸다면 다른 부분을 포기할 수 있다. 설계자는 그 때마다 이러한 점을 잘 고려해 가장 적절한 방향을 잡아야 한다.

결국 설계는 각 기기의 기초 이론의 연구(이론 해석)와 다년간의 경험 및 역사가 함께 진보하는 것이다. 즉 이론 해석에 의해서 얻을 수 있던 지식을 그 기기의 목적에 따라 적절히 합성하면서 설계를 완성하는 것이다. 그리고 그 합성의 방법에는 여러 가지 방법이 있기 때문에 설계는 매우 어려운 것이다. 만약 이론 해석만으로는 부족한 경우에는 경험 또는 역사를 이용하여 채워 나간다.

앞에서 서술한 이유에 따라 설계에 임할 때는 다음과 같은 사항을 충분히 고려할 필요가 있다.

(1) **사용 재료의 경제성을 도모하는 것:** 전기기기 가격의 반 이상은 재료비이다. 우리나라는 자재가 부족한 나라이기 때문에 우선 재료를 절약하는 것이 무엇보다 바람직하다.

(2) **생산비의 저감을 도모하는 것:** 전기기기의 가격의 반 정도는 공임이다. 그리고 간접비는 공임에 비례해 부과되는 것이 보통이므로, 공임의 절약은 간접비의 절약에도 연결된다.

(3) **제작 상태에서 형상까지를 고려해 평형한 형상, 서로 닮은 형상, 호환성 등을 생각하는 것:** 경험상, 간결한 형상은 성능도 우수하다고 알려져 있다. 그리고 이것은 공임 및 재료의 절약과 일맥상통한다.

(4) 손상 방지에 대해 충분히 주의를 기울이는 것.

(5) 과거 기록으로부터 손상을 일으키기 쉬운 부분을 순차적으로 조사하고 피해 예방을 도모하며 손상 부위 교환이 쉬운 것을 고려한다.

(6) **공정의 표준을 항상 염두에 두고 이것에 따르는 것은 물론, 나아가 본인 공장의 제품, 부품의 표준화를 도모하는 것**: 이것은 위에서 서술한 (1) 및 (2)의 목적을 달성하는데 도움이 된다.

(7) 그 외, 공장의 경영 전반에 걸쳐서 주의를 기울이는 것.

1.2 설계자로서 성공하기 위한 지침

1. 기초 이론 설계자는 전기공학은 물론, 기계공학 및 관련 공학의 기초 이론을 충분히 연구하고 각 현상에 대한 지식을 충분히 가지는 것이 필요하다. 이것이 이론해석이다. 고장이 일어났을 경우에 그 원인을 확실히 잡을 수 없다면 그것을 해결할 수 없다. 기초 이론의 지식이 부족하면 해결방법은 그 고장의 핵심에 다다르지 못해, 언제까지나 그 주위를 맴돌게 된다.

기초 이론을 연구하기 위해서는 연구소, 시험장 등과의 연계를 게을리 하는 일 없이 나날이 발전시켜 전기기기의 이론 발달에 늦지 않도록 부단한 노력이 필요하다.

2. 경험 설계에 들어가서는 기초 이론과 마찬가지로 경험이 매우 중요한 요소가 된다. 단지 기초 이론만으로는 해결할 수 없는 문제가 많이 있다. 예를 들어, 코일의 온도 상승은 단위 시간에 대한 열의 발생과 열의 발산의 평형에 의해서 결정된다. 각각의 열의 발생 및 발산 현상 그 자체는 해석에 의해서 판명될지라도, 실제로 설계하고 있는 기기에 대한 실정은 결코 계산값에 따라 판명되는 것은 아니다. 기기의 기하학적 형상, 외피의 형태, 통풍 방식 및 냉각 방식에 의해서 열의 발산은 매우 복잡하게 되기 때문이다. 이 경우 기존의 기기 설계 제작의 경험을 많이 가진 사람은, 또는 그러한 역사를 알고 있는 사람은 코일의 온도 상승을 빠르게 추측할 수 있을 것이다. 설계는 반복의 기술이라고 할 수 있다. 어느 조건을 가정하고 계산을 진행시켜 그 결과가 예측한 것과 일치하지 않으면 가정한 조건을 반복적인 계산을 통해 기대하는 결과를 얻을 수 있을 때까지 몇 번이고 계산을 하고 나서야 그 다음 단계로 나갈 수 있다는 뜻이다. 결국, 경험이 풍부한 사람, 또는 역사를 잘 알고 있는 사람은 적은 반복 횟수로 빠른 최적의 값을 얻을 수 있다. 경험을 쌓으면 이른바 육감으로 얻게 되는 것이다.

기술 도입 혹은 기술 제휴라고 하는 것이 활발히 이야기되고 있지만 이것은 위에서 서술한 경험을 쉽게 습득하려는 수단으로서 철저하게 경험을 포함한 전부를 도입한다면 매우 커다란 의미가 있지만, 단지 최종 결과만을 도입하는 것은 아무 의미가 없다. 경험이 풍부한 사람이 타 회사의 결과를 견문하면 즉시 중요한 것을 얻을 수 있지만, 경험이 아주 없는 사람에게 그 견문은 돼지 목에 진주일 뿐이다.

경험을 쌓는 방법으로서는, 물론 다수의 기기를 제작해야 하지만, 특히 스스로 설계한 기기에 대해서는 공장에서 제작 및 시험 중에 자주 그 경과를 관찰하도록 하며 가능하면 실전에 배치된 후에도 성능을 주시하는 것이 바람직하다. 또, 타사 제품에 대해서는 실제 제품의 견학, 잡지나 광고 등을 충분히 정독하여 게을리하지 않는 것이 필요하다.

3. 독창력 경험이 중요하지만 기존의 것에 사로잡히지 않는 꿈과 같은 공상을 항상 가슴에 안고 있는 것도 중요하다. 이것이 독창력의 기반이 된다. 이것은 항상 현재 있는 것에 대한 결점과 불만을 직감해야 한다. 일본은 메이지시대 이래로 선진 제국의 문명을 따라 잡는 것을 제일의 목표로 삼아 왔다. 거기에는 선진 제국의 제품을 흉내 내는 것이 가장 실질적인 방법이 당연하였고, 그 때문에 독창력의 양성에는 오히려 마이너스의 결과를 가져왔다. 그러나 현재는 일본도 세계 유수의 실력을 가지는 국가로 성장했다. 그러므로 모방으로부터 벗어나 독창적으로 발전해야 할 시기에 이르고 있다고 생각한다. 독창력을 기르기 위해서는 특별한 방법이 있다기 보다는, 보다 넓은 각 부문, 특히 새로운 부문의 기초이론 연구에 매진하는 것과 보상받지 못할지도 모르는 장기간의 노력이 필요할 것이다.

4. 용기 설계자는 또한 용기를 가지지 않으면 안 된다. 항상 100%의 안전을 바란다면 언제나 후진하게 된다. 물론 설계자는 보수적이기 때문에 투기를 하는 것은 금물이지만 한 번 틀림없다고 확신한 이상, 만일 실패로 끝났을 경우의 대책을 강구하거나, 그 경우에 책임지는 것을 각오하고, 용기를 내어 감행하지 않으면 설계의 진보는 있을 수 없다. 획기적인 개량을 실행하려면 그만큼 큰 용기가 필요하다는 것은 당연한 것이다.

5. 상식, 열의, 인내력, 적극성 이 덕목은 설계자에게도 빠뜨려서는 안 될 것이다.

6. 본인 공장의 공작기계, 형류, 공구, 공작 기술 등의 인식 공장의 공구를 이용할 때 계산으로부터 요구되는 치수가 적당하지 않은 경우가 있다. 예를 들어, 회전기의 전기자 철심을 제작하는 것은 고가이므로 가능한 소유하고 있는 것을 이용하도록 유의해야 하며, 계산의 결과 그 자체를 약간 바꾸어도 소유한 것을 이용해야 한다(특히 사양 상 문제가 없는 한, 아래의 내용처럼). 전기자의 직경은 회전기의 주요 치수이기 때문에 이것을 바꾸지 않는 한 자극의 제작, 코일의 권선법 등도 같은 것을 사용할 수 있다. 또 공작기계에 대해서도 그 규격이나 성능, 개수까지도 잘 알고 그것들에 대응하는 설계를 실시하는 것이 필요하다.

공작 기술에 대한 고려도 마찬가지이며, 본인의 공장 능력 이상의 고급으로 설계하는 것은 무리이다. 그러나 공장의 기술 향상에 대한 지도는 미루지 않고 실시해야 한다. 원칙으로써 표준을 정하고 그것을 따르도록 해야 한다.

7. 자재의 인식 전기기기용 재료는 날로 진보하기 때문에 항상 그 동향과 시장의 상황을 주시하고 최선의 조치를 취하지 않으면 안 된다. 특히 새로운 재료에 대해서는 경솔한 판단을 배제하고 충분히 연구하여 현장 시험, 내구 시험을 실시한 뒤에 결정해야 한다. 특히 절연 재료에 대해서는 잇달아 새로운 화학합성 제품이 발표되는 상황이다. 전기기술자에 있어서 화학은 부족한 분야 중 하나이기 때문에 화학자와 잘 제휴해 올바른 사용법을 개발해야 하고, 또한 부속품은 가능한 한 JIS에 준거하고 있는 것을 채택한다.

8. 특허에 대한 인식 기술의 진보를 장려하는 하나의 수단으로서 특허제도가 있다. 이 제도는 발명자를 보호하는 것이 목적이지만 이것을 제대로 이용하면 확실히 기술의 진보에 대해서 효과가 있어 설계자는 이것을 이용해야 하는 한편, 타인의 특허를 주시하고, 부주의로 인해 본의 아니게 도덕적인 의무에 반하는 행위를 하거나 뜻하지 않은 손실을 입지 않도록 해야 한다.

9. 사양서, 규격 사용 목적에 맞는 성능은 사양서에 명시된다. 설계에 임할 때 이 사양서나 규격을 따라야 한다. 또 그 기기의 용도나 사용 상태도 미리 잘 연구하여 한층 더 그 기기의 수송방법 및 경로도 충분히 고려하고 적합하게 설계해야 한다.

10. 제품의 인격화 설계자는 본인의 제품에 대해서 그 제품이 가지는 한계에 책임을 가질 각오를 해야 한다. 적어도 그 자리에 한해서는 표절이 있어서는 안 된다. 옛 명인이 일에 대해서는 잘 유지하여 정진해 이루었다는 것을 듣거나 읽고 있지만, 우리의 각오도 다짐했으면 한다. 우리의 제품은 적어도 수년, 길면 수십 년간이나 사용되는 것이기 때문에 나중에 웃음거리가 되지 않도록 좋은 품질의 물건을 만들어 두지 않으면 안 된다. 제품의 인격화라고 하는 것은 바로 이것이며 자기의 제품은 자기 인격의 표현이라고 생각할 수 있다.

제 2 장 규격, 사양서

2.1 규 격

2.1.1 규격의 목적

규격을 통일함으로써 제품 및 부품의 종류는 한정되어 재료의 낭비를 줄일 수 있고, 재고품의 종류는 감소하기 때문에 자재 절약을 할 수 있다. 또한 형상치수를 일정하게 정한 결과, 가공할 때 기계나 공구가 단순화되어 한계 게이지(제품의 최대 치수를 기준으로 한 측정 단면과 최소 치수를 기준으로 한 측정 단면을 갖는 게이지를 말한다)나 지그(기계부품의 공작용의 공구로써 공작해야 할 부품에 달아서 이용할 수 있고 자르는 절삭 공구의 안내를 위해 경화된 면을 가지고 있어 개개 부품에 대한 작업을 생략하고 신속하게 정밀도가 높은 공작을 하는데 알맞다) 등의 사용이 가능해진다. 그리고 분업 공작을 충분히 할 수 있기 때문에 가공의 능률이 현저하게 높아질 뿐 아니라, 제품의 정밀도를 향상할 수 있는 효과가 있다. 이와 같은 좋은 제품이 저렴한 가격으로 제작되므로 공장의 합리화를 이끌어낼 수 있다.

전기기기의 특성에 대해서도 규격을 정하는 것이 제조자나 사용자에 있어서도 가장 유리한 결과를 얻을 수 있다. 다시 말해 사용에 부적절한 기계가 제작되는 것을 피할 수 있는 것은 물론, 이에 따라 불필요한 물건을 제작하는 것도 피할 수 있는 셈이기 때문에 거래가 편리하게 된다.

2.1.2 설계와 규격

규격의 실시에 대해서는 설계 관계자의 책임이 막중하다. 표준규격에서 정해진 재료나 부품의 선택 여부는 설계자에게 맡기는 것이기 때문에 설계자가 규격통일에 대해 충분한 이해와 열의를 가진다면, 규격을 빠르게 정할 수 있다. 그러나 설계자가 표준규격에 무관심하여 규격외의 재료나 치수를 분별없이 사용하게 된다면, 아무리 많은 규격을 정해도 전혀 쓸모가 없게 된다.

설계의 기본이 되는 제도에 대해서는 제도 총칙(JIS Z 8310)이 제정되어 있다. 도면은 설계자의 의도를 생산 부문에서 명확하고 세밀하게 전하기 위해 이용되는 것이므로, 복잡한 내용은 될 수 있는 한 간단히 표시할 필요가 있다. 따라서 그 용도의 설명 방법, 기호 등이 제도 용어

(JIS Z 8114) CAD 용어(JIS Z 3401)와 JIS에 체계화되어서 제정되어 있다. 전기기기에 관해서는 기계제도(JIS B 0001), 시설의 배선 등에 관해서는 전기용도 기호(JIS C 0617)에 제정되어 있다.

이러한 규격의 제정에 임해서는 유럽과 미국의 규격을 조사해 약도법, 기호 등은 가능한 한 이것과 일치시키고 일본의 규격체계를 가급적 고수할 수 있도록 하고 있다. 물론 공장의 종류, 크고 작음 등에 따라 사정이 다르므로 본 규격의 취지를 거역하지 않는 범위 내에서 각 공장이 적당히 결정하도록 하고 있다.

이 규격에서는 (1) 도면의 크기로서 A열 AO~A6를 채용하도록 하여, (2) 투영법으로서 제3각법을 원칙으로 하며, 사정이 좋지 못할 경우에 제1각법 또는 화살표법을 이용해도 괜찮다. 그 외 (3) 척도, (4) 선, (5) 문자, (6) 치수의 기입 방식, (7) 도면의 변경, (8) 과제란 등에 대해서도 규정되고 있다.

2.1.3 규격의 종류

표준규격은 그 제정에 관여하는 범위, 적용되는 범위에 의해 관계되는 조직체로 여러 가지 제정되고 있다.

기업 레벨의 범위는「사내 규격」, 업계 레벨의 범위는「단체 규격」, 정부수준은「국가 규격」이며, 이외 지역 레벨도 있어 국제 범위를 목적으로 하고 있는「국제 규격」등으로 분류된다.

1. 국제 규격 국제적인 표준화 기관에서 심의 제정되어 국제적으로 사용 실시되는 것으로 기본적인 것이 많다. 이 국제 표준화 기관에 가입되어 있는 나라들의 규격은 가능한 이 국제 규격을 따르는 것이 바람직하지만 각각의 나라에는 특수 사정이 있으므로 반드시 모든 면에서 이것과 일치한다고는 할 수 없다. 그러나 국제 무역이 활발하게 진행되는가에 따라서 세계 각국이 동일한 규격을 채용하는 것이 바람직하기 때문에 이 국제 규격의 정신에 준거해 독자적인 규제를 제정하는 것이 보통이다.

예 국제 전기표준회의의 규격 IEC, 국제 표준화 기구의 규격 ISO

국제 전기표준회의의 규격 IEC(International Electrotechnical Commission)는 전기에 관한 각국 간의 규격을 통일하는 목적으로 1908년에 창립된 국제기관이며, 1947년 ISO에 그 '전기전문부회'로서 가입했다. 일본에서는 JIS를 조사, 심의하는 일본 공업표준 조사회가 이에 가입되어 있다. 기술적인 활동은 전기학회 내의 IEC 국내위원회가 실시하고 있다.

국제 표준화기구의 규격 ISO(International Organization for Standardization)는 각국의 전기 관계 이외의 규격을 통일하는 것을 목표로 1926년 출범한 ISA(만국규격통일협회)가 1947년에 개편되어 있고, 일본에서는 일본공업표준 조사위원회가 가입되어 있다.

품질을 보증하는 품질 매니지먼트시스템 ISO 9000 시리즈가 국제간에 크게 공헌하고 있다. 또, 지구 환경문제를 지구 규모로 대비하기 위한 환경 매니지먼트시스템 ISO 14000 시리즈가 진행되고 있다.

2. 국가규격 국가적인 표준화 기관으로 심의 제정되어 국내 전반에 적용 실시되는 것이다.

예 일본공업규격 JIS, 영국규격 BS, 미국규격 ANSI, 독일규격 DIN

일본공업규격(JIS: Japanese Industrial Standards)은 1949년 6월 1일 공포, 동년 7월 1일 시행된 공업표준화법(법률 제 185호)에 의해서 일본 공업표준 조사회가 조사 심의해 정부가 제정하는 규격이다. 일본공업규격은 표 2.1과 같이 19 부문별로 분류되어 각 규격은 원칙으로서 그 대상으로 하는 광공업품의 생산 부문에 소속된다.

표 2.1 일본공업규격의 부문

기호	부문	기호	부문
A	토목 및 건축	M	광산
B	일반기계	P	펄프 및 종이
C	전자기계 및 전기기계	Q	관리 시스템
D	자동차	R	요업
E	철도	S	일용품
F	선박	T	의료안전용구
G	철강	W	항공
H	비철금속	X	정보처리
K	화학	Z	그 외
L	섬유		

일본공업규격은 정리 분류의 편의를 위해서 분류번호가 붙여져 있다. 일본공업규격 가운데 전기공업 관계, 즉 C 부문에 있어서의 분류번호를 표 2.2에 나타내었다.

표 2.2 JIS의 분류번호

분류번호	내용	분류번호	내용
00~09	일반	50~69	통신기계, 전자기계, 부품
10~19	측정시험용기계기구	70~79	진공관·전구
20~29	재료	80~89	조명기구·배선기구, 전지
30~39	전선·케이블·전로용품	90~99	전기응용기계기구
40~49	전기기계기구		

각각의 규격에는 그 규격이 소속하는 부문의 분류기호와 4자릿수의 숫자로 구성되는 규격번호를 달고 있다. 이 4자릿수의 최초 2자릿수는 그 공업의 분류번호이며, 끝의 2자릿수는 제정 순위에 의한 개별번호이다. 분류번호는 00~99로 위에서 기술한 19부문의 내용을 세세하게 나눈 항목에 대해서 붙여지고, 개별번호는 01~99로 분류번호마다 제정순서가 붙여져 있다. 예를 들어 JIS C 4210은 일반용 저압3상농형유도전동기에 대한 규격번호이며, C는 전기공업 부문을, 42는 전기기기의 교류기를, 또 10은 제정 순위를 나타낸다(표 2.3).

표 2.3 전기기기에 관한 규격(JIS)

JIS 규격번호	내용	대응국제규격	적합의 정도*
C 4003-1998	전기절연의 내열등급 및 내열성 평가	IEC 60085-1984	IDT
C 4034-1-1999	회전전기기계-제1부	IEC 60034-1-1996	NEQ
C 4034-5-1999	회전전기기계-제5부	IEC 60034-5-1991	IDT
C 4034-6-1999	회전전기기계-제6부	IEC 60034-6-1991	IDT
C 4203-2001	일반용 단상유도전동기	IEC 60034-1-1996	MOD
		IEC 60072-1-1991	MOD
C 4210-2001	일반용 저압3상농형유도전동기	IEC 60034-12-1972	MOD
C 4212-2000	고효율 저압3상농형유도전동기		
C 4304-2005	배전용 6kV 유입 변압기	IEC 60050-421-1990	MOD
		IEC 60076-1-2000	MOD
C 4306-2005	배전용 6kV 몰드변압기	IEC 60050-421-1990	MOD
		60076-1외-2000	MOD
C 2550-2000	자계강철판시험법	IEC 60404-10외-1998	MOD
C 2552-2000	무방향성전자강철판	IEC 60404-8-4-1998	MOD
C 2553-2000	방향성전자강철판	IEC 60404-8-7-1998	MOD
C 2555-2000	자극용 강판 및 강철판	IEC 60404-8-5-1989	MOD

* 적합의 정도는 대응하는 국제규격과의 동등성을 나타낸다.
IDT(identical): 기술적 내용에 있어서 일치한다.
MOD(modified): 기술적 차이가 명시되어 수정되어 있다.
NEQ(not equivalent): 기술적 내용, 구성이 동등하지 않다.

일본공업규격은 적정하거나 합리적인 공업 표준의 제정 및 보급에 의해 공업 표준화를 촉진하고, 나아가 광공업품의 품질 개선, 생산 능률의 증진, 그 외 생산의 합리화, 거래의 단순 공정화 및 사용 또는 소비의 합리화 등을 도모하여 아울러 공공의 복지증진에 기여하는 것을 목적으로 한다.

제정된 JIS에 합격한 제품에 대해서 특별한 표시(JIS 마크)를 표기하는 것이 허락된다.

ISO, IEC 등의 국제규격이 존재하는 경우, JIS도 거기에 포함시키는 것이 편리성이나 관련성

측면에서 바람직하고, 그 적합의 정도도 표 2.3의 예와 같이 나타난다. 또, 규격 제정을 고려하여, IEC 규격번호와 일치(5자릿수화)시켜 그대로 번역한 번역 규격이나 요점만 규정해 원문을 참고하여 채용한 요약 규격도 발행되게 되었다.

3. 단체 규격 학회, 협회, 공업회 등과 같은 단체에서 심의 제정되어 단체 구성원들 사이에서 실시되는 것이다.

예 전기학회 전기규격조사회 표준 규격 JEC

일본 전기공업회 표준 규격 JEM 및 JEMF 미국 전기전자학회 규격 IEEE

독일 전기학회 규격 VDE, Lloyd 규격

전기학회규격조사회표준규격(JEC: Japanese Electrotechnical Committee Standards)은 전기 부문의 국제 표준화 기관인 IEC의 추천 규격과 관련하여, 특히 고전압 전기기기에 대한 기본 규격이다(표 2.4). 전기규격조사회 규격 가운데, 기본적 규격은 회전 전기기계 일반 JEC-2100 (2008년 발행 개정)과 전기 절연의 내열 클래스 및 내열성 평가 JEC-6147(1992)이다. JEC-2100은 회전전기기계에 공통된 표준 사항을 규정한 것으로, 각종 기계에 특유인 표준 사항에 관해서는 각각의 기기 규격으로 정해져 있다.

표 2.4 전기기기에 관한 규격(JEC)

JEC 규격번호	내용
122–1981	전기철도차량용 주전동기
213–1982	임펄스 전압전류측정법
0102–1994	시험전압표준
0201–1988	교류전압절연시험
0202–1994	임펄스 전압·전류시험일반
0301–1999	정지유도기 임펄스 내전압시험
0401–1990	부분 방전측정
2100–1993	회전전기기계일반(2008년 발행 개정)
2120–2000	직류기
2130–2000	동기기
2137–2000	유도기
2200–1995	변압기
6147–1992	전기절연의 내열등급 및 내열성 평가
6148–2002	전기절연 재료의 절연저항시험방법 규칙
6150–2000	전기절연 재료의 유도율 및 유도시험방법 규칙
7132–1987	전기철도차량용 보조회전기

JEC-6147은 모든 전기기기에 사용되는 절연물의 내열성에 의한 종류를 규정한 것으로, 최근 절연물의 급속한 진보에 맞추어서 개정의 필요가 많을 것이라는 추정 하에 독립의 규격으로 한 것이다.

일본전기공업회표준규격(JEM: Japan Electric Machine Industry Association(JEMF 장래 규격))은 일본의 전기기기 제조업자를 주요 구성원으로 하는 일본전기공업회에 의해서 제정되는 단체 규격이며, 전기기기 및 재료에 대한 것이 많고, JIS 규격 정도에 미치지 않는 것 또는 JIS의 보충으로써 표준을 정한 것이다(표 2.5). 제품의 표준에는 정격 출력, 정격 전류, 회전 속도, 효율, 특성, 시험방법, 주요 치수 등이 있어 사용자가 구입할 때 이것들을 참조하면 치수, 중량까지 명료하게 알 수 있다.

표 2.5 전기기기에 관한 규격(JEM)

JEM 규격번호	내용
1109–1995	압연보충기기 및 크레인용 직류전동기
1157–2002	압연용 직류전동기
1170–2002	공업용 직류전동기
1188–1969	전동기정격출력의 표준
1201–2002	안전증가 방폭형 저압3상농형유도전동기의 치수
1202–1983	크레인용 전폐형 권선형3상유도전동기
1224–1990	고압3상농형유도전동기의 부하관성모멘트 J의 허용성
1307–1971	브러시 보유기 1종($t<a$)
1380–1993	고압(3kV급)3상농형유도전동기(일반용 F종)의 치수
1381–1993	고압(3kV급)3상농형유도전동기(일반용 F종)의 특성
1398–1995	디젤엔진구동 가변형 교류발전장치
1400–1991	일반용 저압3상농형유도전동기의 치수
1435–2005	비상용 동기발전기(상륙용)
1466–1994	벡터 제어용 인버터 모터(일반용)
1487–2005	저압3상영구자석형 동기전동기

4. 각 관청, 회사 등의 규격 철도회사, 국방부, 각 전력회사 등은 각각 독자적인 입장으로부터 구입 규격이 제정된다. 이러한 규격은 그 사용자의 특수 사정을 고려하여 제정한 것이기 때문에 국가규격이나 단체규격보다 우선이다.

2.2 사양서

주문자는 기기를 주문할 때 제조자에 대한 요구를 분명히 하기 위해서 사양서를 제시하는 것이 보통이다. 주문자로부터 제시가 없을 때, 혹은 있을 때라도 제조자는 주문자의 의도를 충분히 확인하여 제조자의 입장도 첨가한 사양서를 제작해 주문자의 승인을 요구할 수 있다.

(1) 기기의 명칭, 종류, (2) 용도, (3) 사용의 종류(제12장 참조), (4) 냉각 방식(제5장 참조), (5) 보호 방식(제6장 참조), (6) 정격 사항(정격의 종류, 출력, 회전 속도, 전압, 주파수 등), (7) 온도 상승 한도, 내열 클래스, (8) 최고, 최저 냉매 온도, (9) 표고, (10) 효율, (11) 역률, (12) 여자 방식, (13) 시동 조건, (14) 회전 방향, (15) 단자 위치, (16) 연결의 방법, (17) 베어링의 종류, (18) 지정 치수, 중량의 유무, (19) 설치 장소 및 운반 조건, (20) 부속품, (21) 예비품, (22) 따라야 할 규격, (23) 시험의 정도, 입회 시험의 유무, (24) 보증 조건, (25) 인도 장소 및 조건

결국, 주문자와 제조자와의 사이에서 기기의 성능, 그 외에 대하여 의견불일치가 발생하였을 때, 이것을 해결하는 기초가 되는 것이 사양서이다.

제 3 장 전기 재료

3.1 서 론

전기기기를 구성하는 재료는 다음의 네 종류로 크게 나눌 수 있다.

(1) 도전 재료, (2) 자성 재료, (3) 절연 재료, (4) 구조 재료

덧붙여 도전 재료, 자성 재료 또는 절연 재료는 구조 재료를 겸하기도 한다.

전기기기의 향후 발전은 재료 개량에 관련된 문제가 매우 큰 부분으로 예상되기 때문에 설계 기술에 있어 재료의 연구야말로 가장 중요한 것 중의 하나이다.

이 장에서는 일반적으로 전기기기에 사용되는 도전 재료, 자성 재료 및 절연 재료에 대해 설명한다(상세한 것에 대해서 전기학회 대학강좌 「전기전자재료」 참조).

3.2 도전 재료

3.2.1 개요

동은 도전율 및 열전도율이 높고, 비교적 저가인데다가 부식에 대해서도 매우 안정되어 있어서 전기기기의 도전 재료로서 가장 중요한 것 중 하나이다.

동은 전기기기의 권선을 비롯해 도전 부분의 주요 재료로써 주로 환선, 평각선, 혹은 동판의 형태로 사용되고, 경우에 따라서는 봉 형태 또는 망 형태로 사용되기도 한다. 또 특수한 형상으로는 직류기 등의 정류자편이 있다. **동합금**(황금, 인청동 등)은 구조 재료를 겸하며 브러시 홀더, 용수철, 볼트, 너트 등에 사용된다. 또한 슬립링도 동합금으로 만들어지는 경우가 많다.

은은 도전율이 가장 높지만 고가이고, **알루미늄**은 동에 비해 도전율이 매우 낮기 때문에 기기 권선용으로는 부적합하다. 단 알루미늄은 주조를 비교적 간단하게 할 수 있으므로 유도 전동기의 다이캐스팅 회전자용으로 널리 사용되고 있다.

알루미늄은 농형 유도전동기의 회전자 도체로써 많이 사용되지만, 그 외의 권선에 동 대용으로 사용되지는 않는다(역자 주: 최근에는 가격적인 장점 때문에 알루미늄 권선을 사용하기도 한다). 또 알루미늄 합금(듀랄민, 실루민 등)은 구조 재료를 겸해 브러시 홀더 등에 사용되기도 한다.

3.2.2 도전 재료의 전기적 성질

도체의 저항 $R[\Omega]$은 길이 $l[\mathrm{m}]$에 비례하고 단면적 $A[\mathrm{m}^2]$에 반비례 하므로, 도체의 저항률을 $\rho[\Omega \cdot \mathrm{m}]$라고 하면 식 (3.1)로 나타내진다.

$$R = \rho \frac{l}{A} \quad [\Omega] \tag{3.1}$$

저항률의 역수를 **도전율**이라고 하며, 상대적인 도전도를 나타내는데 이용된다.

동선의 도전율은 국제전기표준회의(IEC)에서 정해진 표준 연강의 도전율(20℃에서 길이 1m, 균일 절단면적 $1\mathrm{mm}^2$을 가지는 표준 연동의 저항 $1/58\Omega = 0.017241\Omega$를 기초로 한 것)을 100%로 비교한 백분율인 **퍼센트 도전율**로 나타낸다.

동선의 저항은 온도에 따라서 변화하므로, 10 ~ 100℃ 에서는 다음 식으로 표현된다.

$$R_t = R_{t_0} 1 + \alpha(t - t_0) \tag{3.2}$$

여기서, R_t: t[℃]에서의 저항[Ω], R_{t_0} : t_0[℃]에서의 저항[Ω], α: 저항의 정질량 온도계수(20℃에 대해 0.00393/K)

덧붙여 규격 JEC에서는 저항과 온도의 관계를

$$\frac{R_t}{R_{t_0}} = \frac{t + k}{t_0 + k} = 1 + \frac{1}{t_0 + k}(t - t_0) \tag{3.3}$$

라 하고, 동의 경우 $k = 235$, 즉 $t_0 = 20$℃ 일 때 $\alpha = 1/255$로 하고 있다.

3.2.3 동선

권선에 사용되는 동선은 일반적으로 환선 또는 평각선이다. 제작성을 좋게 하기 위하여 연동선이 사용되고 있다. 동선에 대한 주된 JIS를 표 3.1에 나타내었다.

표 3.1 동선의 규격(JIS)

JIS 규격 번호	내용
JIS C 3101-1994	전기용 경동선
JIS C 3102-1984	전기용 연동선
JIS C 3103-1984	전기기기 권선용 연동선
JIS C 3104-1994	평각동선
JIS C 3204-1994	에나멜선

에나멜선의 종류를 표 3.2에, 평각동선의 종류를 표 3.3에 나타낸 것처럼 규격화되어 있다.

표 3.2 에나멜선의 종류

에나멜선	기호	온도 지수
유성 에나멜 동선	EW	105℃
폴리비닐포르말 동선	PVF	105℃
폴리에스테르 동선	PEW	155℃
폴리우레탄 동선	UE	120℃
폴리에스테르 동선	EW	180℃

표 3.3 평각 동선의 종류

평각구리철사	기 호	비 고
1호 평각 동선	H	경질의 것
2호 평각 동선	HA	반경질의 것
3호 평각 동선	A	연질의 것
4호 평각 동선	SA	연질의 것*

* 이런 재료는 비투자율이 높은데 교번자속이 통과하는 부분이 밖의 철심에 있어서 전력손실이 적다는 특징을 가지고 있다.

3.3 자성 재료

3.3.1 개요

전기기기는 전자유도의 원리에 의해서 동작하는 것이기 때문에 반드시 전기회로와 자기회로로 구성되어 있다. 그 자기회로를 구성하는 것이 철 또는 강철이다. 이들 재료는 비투자율이 높은 것이 하나의 요소이지만, 교번자속이 통과하는 부분은 이 밖에 철손이 적은 것이 한 가지 중요한 요소이다. 또 경우에 따라서는 누설자속을 방지하기 위해 비자성 재료, 즉 철 또는 강철이어도 자성을 가지지 않는 비자강 또는 비자철을 사용하는 경우가 있다. 이것들도 중요한 자성 재료이다.

3.3.2 전기강판

자기회로의 철심에는 전기강판이 사용된다. 전기강판의 상당수는 규소를 포함한 강철이 사용되므로 **규소강판**이라고도 불린다.

전기강판은 규소 Si 의 함유량에 의해서 자성 재료로서의 특성이 다른데 이것을 그림 3.1에 나타내었다.

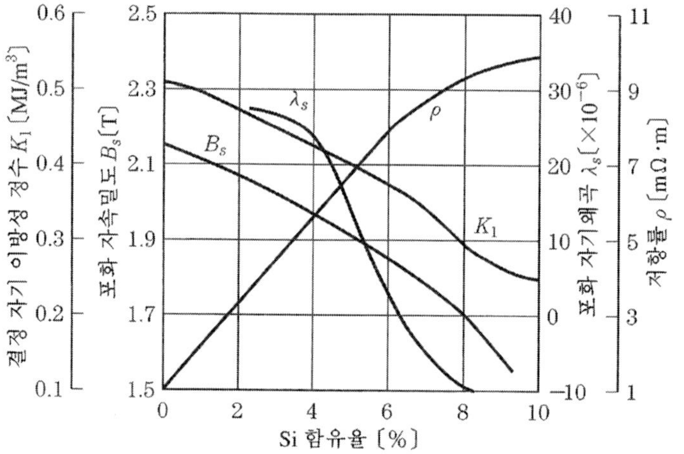

그림 3.1 전기강판의 특성

비투자율, 포화 자속밀도는 가능한 크게 하고, 잔류자속밀도, 보자력은 최대한 작게 하며, 또한 저항률을 크게 하는 조성을 선택하여 철심 내의 에너지 손실을 줄인다.

전기강판은 크게 무방향성 전기강판과 방향성 전기강판으로 나뉘게 된다.

1. 무방향성 전기강판 냉간압연을 통해 긴 강판으로 제작되어 연속 타발에 의한 가공을 할 수 있어 타발 시 파편을 최소화할 수 있다. 또한, 이 강판은 무방향성이라고 해도 압연 방향과 그것의 직각 방향과는 자기 특성이 다소 다르므로, 겹쳐 쌓을 때 고려해야 한다.

표 3.4는 JIS C 2552에 규소의 함유량에 따라 나뉘어지는 무방향성 전기강판의 종류와 자기 특성을 나타내고 있다.

소형 전동기 등에서는 철손이 다소 크더라도 높은 자속밀도를 얻을 수 있는 저가의 철심 재료로서 저품질의 강판이 사용된다. 대형 회전기 혹은 전원용의 소형변압기 등에서는 고품질의 강판이 사용된다. 이외 용도에 따라 각종 전기강판이 사용된다.

표 3.4 무방향성 전기강판의 종류 및 자기 특성

종류	호칭 두께 [mm]	밀도 [kg/dm³]	철손*1 $W_{15/50}$ [W/kg]	자속밀도*2 B_{50}[T]
35 A 210	0.35	7.60	2.10 이하	1.60 이상
35 A 300		7.65	3.00 이하	1.60 이상
35 A 440		7.70	4.40 이하	1.64 이상
50 A 230	0.50	7.60	2.30 이하	1.60 이상
50 A 350		7.65	3.50 이하	1.60 이상
50 A 600		7.75	6.00 이하	1.65 이상
50 A 800		7.80	8.00 이하	1.68 이상
50 A 1300		7.85	13.00 이하	1.69 이상
65 A 800	0.65	7.80	8.00 이하	1.66 이상
65 A 1000		7.80	10.00 이하	1.68 이상
65 A 1600		7.85	16.00 이하	1.69 이상

*1 철손의 $W_{15/50}$은 주파수 50Hz, 최대 자속밀도 1.5T일 때의 철손

*2 자속밀도의 B_{50}은 자계의 세기 5kA/m에서의 자속밀도

2. 방향성 전기강판 특별한 압연, 어닐링[annealing]에 의해 전기강판 내의 결정을 특정 한 방향으로 배열시키고, 압연 방향으로 자화를 쉽게 하여 손실을 저감시킨 강판이다.

표 3.5 방향성 전기강판의 종류 및 자기특성(JIS C 2553에서 발췌)

종류*1	호칭 두께 [mm]	밀도 [kg/dm³]	철손*2 $W_{17/50}$ [W/kg]	자속밀도*3 B_8[T]
23 R 085	0.23	7.60	0.85 이하	1.85 이상
23 R 090			0.90 이하	1.85 이상
23 R 100			1.00 이하	1.85 이상
23 R 110			1.10 이하	1.78 이상
27 R 090	0.27		0.90 이하	1.85 이상
27 P 100			1.00 이하	1.88 이상
27 G 130			1.30 이하	1.78 이상
30 P 105	0.30		1.05 이하	1.88 이상
30 G 130			1.30 이하	1.78 이상
30 P 140			1.40 이하	1.78 이상
35 P 115	0.35		1.15 이하	1.88 이상
35 P 135			1.35 이하	1.88 이상
35 G 155			1.55 이하	1.78 이상

*1 G: 보통재, P: 고자속밀도재, R: 자구 제어재

*2 철손의 $W_{17/50}$은 주파수 50Hz, 최대자속밀도 1.7T일 때의 철손

*3 자속밀도의 B_8은 자계의 세기 0.8kA/m에서의 자속밀도

강판 표면에 레더 처리, 스크래치 처리를 가하는 것으로 자구를 세분화하여 와전류손을 한층 더 저하시킨 자구 제어 재료도 개발되고 있다. 이러한 방향성 전기강판의 자기 특성을 표 3.5에 나타냈다.

방향성 전기강판은 전력용 변압기나, 극히 일부의 대형 교류발전기에 이용되고 있다. 이 경우 압연 방향으로 자속이 통과하도록 사용한다. 또한 뛰어난 자기적 성질을 충분히 발휘하기 위해서는 타발 및 절단시 강판이 변형되는 것을 완전히 막아주는 것이 바람직하다.

3.4 절연 재료

3.4.1 개요

전기기기를 구성하는 재료 가운데, 도전 재료, 자성 재료 및 구조 재료는 주로 금속이며 전기기기 사용 시 발생할 수 있는 온도에서 특성의 변화는 없다. 그러나 절연 재료는 비교적 낮은 온도에서 열화하여 절연이 파괴되어 기기를 파손한다.

실제 사용에 있어서 전기기기의 출력은 온도가 높아짐에 따른 절연 열화에 의해서 결정된다. JIS C 61471-1992에 따라서 전기기기의 최대 허용 온도에서의 절연 시스템을 표 3.6과 같이 구분하고 있다.

표 3.6 절연 시스템의 구분

내열 클래스	허용 최고 온도 [℃]
90 (Y)*2	90
105 (A)	105
120 (E)	120
130 (B)	130
155 (F)	155
180 (H)	180
200	200
220	220
250*1	250

*1 250 초과는 25씩 구분하여 호칭한다.
*2 ( ) 안은 기존 관용되어 온 종별 표기법을 나타낸다.

덧붙여 각 내열 클래스에 있고, 그 내열 클래스보다 낮은 절연 재료가 일부 이용되었을 경우에서도 그 부분의 온도가 충분히 낮고, 전기적 및 기계적인 성질을 해치지 않는다면 그 내열 클래스의 절연으로 간주한다.

3.4.2 절연 재료의 특성

절연 재료로서 요구되는 주된 특성은 전기적 특성, 기계적 특성, 열적 특성이 있다.

1. 전기적 특성 일반적으로 절연 파괴의 강도와 절연 특성이 중시되기 때문에 가급적 높은 것이 필요하다. 절연체에 전압을 가했을 때, 인가전압을 유지할 수 없게 되는 현상을 **절연파괴**라고 하며, 그 힘을 통상적으로 MV/cm, kV/mm 등의 단위로 나타낸다.

절연체는 유전체이기 때문에 전압을 가했을 때 전류가 흡수된다. 인가전압과 전류에 의해서 정해진 전기저항을 **절연저항**이라고 하며, 절연체 상태를 판정하는 기준으로 이용된다. 그 크기는 흡습(건조성), 온도 등에 의존하며 시간적으로 변화한다.

2. 기계적 특성 시공 중에 절연 재료를 사용하게 되면 절연 재료가 힘을 받게 되고, 또한 구조 재료를 겸하고 있는 경우도 있으므로 기계적 특성 역시 매우 중요한 부분이다. 인장 강도, 휘는 힘, 압축강도, 혹은 재료에 따라서는 경도, 크리프 특성, 내마모성 등이 요구된다.

3. 열적 특성 일반적으로 내열성, 열팽창률, 열전도율, 비열 등이 문제가 된다. 온도의 상승과 함께 절연 재료의 전기적, 기계적 특성이 저하하게 되어 어떤 특정 온도까지 상승하면 사용할 수 없게 된다. 이 한계 온도를 **허용 최고 온도**라고 하며, 내열성을 나타낸다. 이 온도를 각각의 등급으로 나누고 있다(표 3.6 참조).

절연체의 특성이 열화되는 그 재료가 가지는 화학반응 속도의 영향을 받으며, 알려져 있는 절대온도를 T, 수명을 t라고 했을 때,

$$\log t = A + \frac{1}{T}B \qquad A,\ B\text{: 정수} \tag{3.4}$$

로 표현된다. 이 관계식을 **아레니우스(Arrhenius)의 식**이라 하고, 그림 3.2와 같다.

B는 활성화 에너지에 관계하여 직선의 기울기를 좌우하고 있기 때문에, 이 값이 큰 만큼 열화에 대해서 강하다고 할 수 있고, 이를 통하여 B는 재료 판정 기준의 하나가 된다. 열팽창은 기계적 응력의 분배에 변화를 일으키고 금속과 접하고 있는 부분에서 열팽창률 차이에 의해서 균열 등을 일으키는 경우도 있다. 일반적으로 유기 재료의 열팽창률은 금속보다 크기 때문에 조합에 주의가 필요하다.

절연체는 일반적으로 발열 부도체이므로 발열체로부터 열방출이 잘 이루어지려면 열전도율이 중요한 항목이다. 덧붙여 비중은 고체 절연 재료에서는 그다지 중요한 특성은 아니지만 냉각매체로 사용되는 액체 또는 기체에 있어서는 열용량에 관계되기 때문에 중요한 특성이라고 할 수 있다.

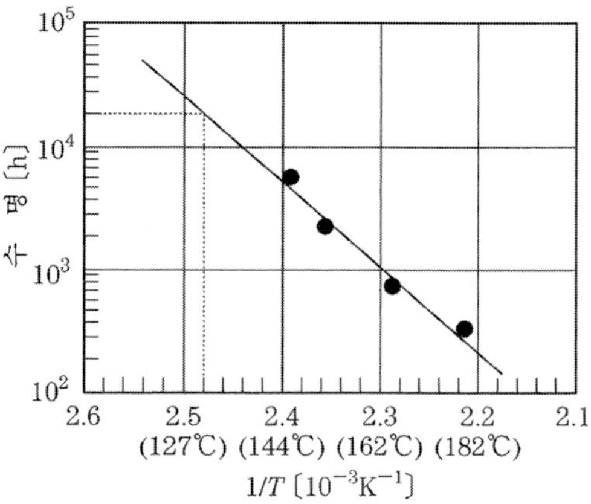

그림 3.2 수명의 길이와 $1/T$와의 관계

3.4.3 온도 상승과 기기의 수명

전기기기의 수명은 특별한 경우를 제외하고 주로 절연 재료의 수명에 의해서 결정된다. 절연 재료는 특정 온도 이하에서 사용하면 열화하지 않는다. 만약 그 온도를 넘어서게 되면 바로 절연이 파괴되지는 않지만, 그 온도에서 장시간 사용할 경우 절연 재료는 반드시 열화한다.

베어링이 마모된 경우에는 간단하게 부품을 교환할 수 있다. 브러시를 사용하는 기계에서 그 소모는 비교적 빠르지만 간단하게 새 부품으로 교환할 수 있다. 또, 정류자나 슬립링의 마모는 고액의 보수비가 필요하지만 이 부품은 충분한 여유를 가지고 제작되고 있기 때문에 다시 사용하면 그대로 계속해서 사용할 수 있다. 따라서 위에서 기술한 부품은 기계의 수명을 제한하는 것이라고 하지 않는다. 이에 비해 권선의 손상은 기기의 운전을 즉시 중지하고 권선을 교체하는 광범위한 수리를 필요로 한다. 이것이 바로 기기의 수명을 제한하는 것이다. 권선의 절연파괴는 일반적인 열화 소모와 관계가 있는 시간과 온도의 함수이다.

본래 전기기기의 수명에 대해서는 규격이나 사양서 등에서 다루고 있지 않다. 단지 규격에는 제12장에서 설명할 연속 규격과 단시간 정격 등이 정해져 있고, 5분 정격이나 10분 정격은 각각 5분간 또는 10분간만 사용가능하면, 그것으로 수명을 다해도 괜찮은 것이 있다. 그러나 규격에서는 연속 정격에서도 단시간 정격에서도 그 기기의 허용 온도 상승 한도를 정해놓고 있으며, 그 한도 이내면 연속 정격은 물론 단시간 정격에서도 일반적으로 생각되고 있는 수명을 유지할 수 있는 것이다.

그러면 보통 수명은 무엇일까. 이것에 대해서 하나의 기준을 정한 것이 **몬싱거(Montsinger)의 공식**으로 A종 절연물에 대해서 다음 식 (3.5)에 나타나 있다.

$$t = 7.15 \times 10^4 e^{-0.088\theta} \text{ [년]} \tag{3.5}$$

여기서, θ: 온도[℃]

그림 3.3은 A종, B종 및 H종 절연물에 대해서 온도와 수명과의 관계를 나타내고 있다.

식 (3.5)에 의하면 A종 절연에 대해서는 105℃로 연속 사용의 경우에 기기의 수명은 7년이며, 온도가 8K 오를 때마다 수명은 반감하는 것을 알 수 있다.

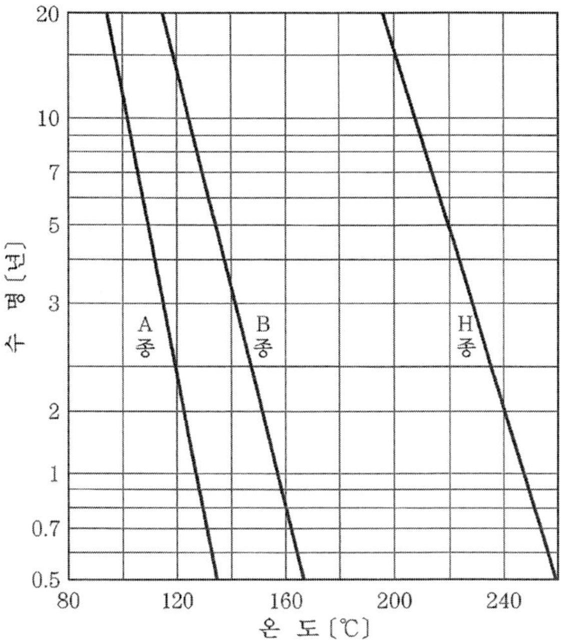

그림 3.3 절연물의 제도와 생명과의 관계

실제적으로 기기는 24시간 연속해서 정격 부하로 운전될 일이 없을 것이다. 또한 냉매 온도가 항상 최고 한계온도의 40℃일리도 없다(여름은 한계온도에 가까운 경우도 있겠지만 항상 한계온도에 머무르지는 않으며 겨울은 이것보다 훨씬 낮을 것이다). 따라서 정격 부하 상태로 항상 절연물의 온도가 105℃로 유지되고 있는 경우는 없을 것이다.

이러한 이유 때문에 A종 절연물에 대해서는 규격에 정해진 최고 허용온도 한도 105℃를 넘지 않게 설계된 기기의 경우, 7년을 훨씬 넘는 10년에서 15년 동안 무난히 사용되는 경우가 많다. 따라서 수명이 다할 때까지 기다리는 것보다 그 사이에 개발된 뛰어난 성능의 기기와 교환하는 것이 경제적으로 유리하다고 할 수 있다. 또한 중요한 기기에 대해서는 고급 절연물을 사용하여 온도 상승 한도가 저급의 절연물의 온도 상승 한도를 넘지 않게 설계되고 있기 때문에 수명은 더욱 더 늘어나게 된다.

제 4 장 온도 상승

4.1 서 론

전기기기에서는 저항손, 철손 등에 의해 내부에서 열을 발생한다. 이 열은 기기의 표면으로부터 발산되는데, 전기기기는 동, 철 및 다양한 종류의 절연 재료 등으로 구성되어 구조가 복잡하기 때문에 발생하는 열의 전도·발산 상태는 매우 복잡하며 계산에 의해서 정확하게 구해내는 것은 어렵다. 그러나 이것을 통계상 근사적인 계산을 통하여 온도 상승의 값을 예측하여 허용한도 내에서 설계하는 것은 가능한 일이다.

4.2 열의 발산

열의 발산은 온도의 높은 부분으로부터 낮은 부분으로 **방사**, **대류** 및 **전도** 등으로 이루어진다.

4.2.1 방사

방사는 열이 물체의 표면으로부터 주위의 공간으로 직선으로 뻗어나가는 현상으로 진공 중에서도 나타나게 되며, 공기의 유무에 대하여 주목할 만한 영향을 받지 않는다.

스테판·볼츠만(Stefan–Boltzmann)의 법칙에 의하면 진공 중에서는 방사에 의해서 완전흑체의 표면으로부터 방사되는 단위 표면적, 단위 시간당 열량 Q_r은 식 (4.1)과 같다.

$$Q_r = \sigma T^4 \ [\mathrm{W/m^2}] \tag{4.1}$$

여기서, σ: 스테판·볼츠만 상수(실험의 결과, $\sigma = (5.45 \sim 5.85) \times 10^{-8}\ [\mathrm{W/(m^2 \cdot K^4)}]$),
T: 물체의 절대온도[K]

또한, 방사에 의해서 표면으로부터 발산하는 열량 Q_r은 실험의 결과에 의해 식 (4.2)와 같다.

$$Q_r = 5.77\varepsilon\left\{\left(\frac{T_1}{100}\right)^4 - \left(\frac{T_2}{100}\right)^4\right\}\ [\mathrm{W/m^2}] \tag{4.2}$$

여기서, T_1: 기계 표면의 절대온도[K], T_2: 공기의 절대온도[K], ε: 방사 물체 표면의 재료에 따라 다른 방사율(표 4.1)

전기기계의 표면은 각종 재료의 조합으로 구성되어 있기 때문에, 평균적으로 $\varepsilon = 0.92$로 볼 수 있다. 그러나 이 경우 근처에 있는 물체에 의해서 방사열이 반사된다고 생각될 때는 $\varepsilon = 0.85$로 취하는 것이 적당하다.

식 (4.2)를 보다 사용하기 쉽게 하기 위해서 물체 표면의 온도 t_1[℃]와 주위의 온도 t_2[℃]의 차이, 즉 온도 상승 θ[K]를 생각하면,

$$\theta = T_1 - T_2 = t_1 - t_2\ [\mathrm{K}] \tag{4.3}$$

되어 방사되는 열량 Q_r은 θ에 비례한다. 비례상수 h_r[W/(m^2 · K)]을 **열전달 계수**라 하고, 열량 Q_r은

$$Q_r = h_r\theta\ [\mathrm{W/m^2}] \tag{4.4}$$

로 표현된다.

열전달 계수는 일정한 것이 아니고, 주위 온도 및 온도 상승에 의해 변화한다.

표 4.2는 t_2 =10℃, 20℃, 30℃일 때, $\theta = 5 \sim 80$K 사이의 여러 가지 값에 대해서 $\varepsilon = 0.85$로 식 (4.2) 및 식 (4.4)로부터 계산한 h_r의 값을 나타낸다. 전기기계에서 표면의 평균 온도 상승은 약 40K, 주위 온도는 20℃라고 생각할 수 있기 때문에 열전달 계수 h_r의 예상값은 식 (4.5)와 같이 된다.

표 4.1 방사율 ε

재료	ε
완전흑체	1.00
거친 주철	0.97
닦지 않은 강철	0.95
섬유질 및 절연지	0.90
바니시, 오일	0.8~0.9
녹슨 동	0.40
닦은 강철	0.29
닦지 않은 황동	0.20
닦은 동	0.17

표 4.2 열전달계수 h_r

θ[K]	t_2[℃]		
	10	20	30
5	4.63	5.03	5.55
10	4.65	5.16	5.69
20	4.91	5.42	5.98
30	5.17	5.71	6.28
40	5.44	6.05	6.59
50	5.73	6.30	6.91
60	6.03	6.62	7.25
70	6.34	6.95	7.60
80	6.67	7.30	7.98

$$h_r \fallingdotseq 6\ \mathrm{W/(m^2 \cdot K)} \tag{4.5}$$

4.2.2 대류

가열된 물체가 유체로 둘러싸여 있는 경우, 그 열은 물체의 표면에 직접 닿아 있는 유체 부분으로 옮겨져 그 부분의 유체가 가열되면서 부력에 의해 높게 올라가고, 그 대신에 차가운 부분이 그 부분을 채우게 된다. 새롭게 채워진 차가운 부분은 다시 가열되어 상승하고, 이러한 경과가 반복되면서 일정한 자연 운동이 나타나고, 이를 통하여 열을 발산한다. 이것을 대류에 의한 **열의 전달**이라고 한다.

단위 표면적으로부터 단위 시간동안 이 작용에 의해서 발산되는 열량 Q_c는, 이 경우의 열전달 계수를 h_c라고 하면, 식 (4.6)과 같다.

$$Q_c = h_c\theta\ [\mathrm{W/m^2}] \tag{4.6}$$

다음에 h_c의 실험치를 예로 제시한다.

1. 물체와 냉각 매체와의 사이에 상대 속도가 없는 경우

a. 면이 수직인 경우

$$h_c = 2.55\sqrt[4]{\theta}\ [\mathrm{W/(m^2 \cdot K)}],\ \theta > 10 \tag{4.7}$$

b. 면이 수평인 경우

$$h_c = 3.23\sqrt[4]{\theta}\ [\mathrm{W/(m^2 \cdot K)}] \tag{4.8}$$

식 (4.7) 및 식 (4.8)에 대해서 $\sqrt[4]{\theta}$의 값은 실제로 문제가 되는 온도 범위에서는 식 (4.9)로 나타난다.

$$\sqrt[4]{\theta} \fallingdotseq a + b\theta \tag{4.9}$$

여기서, a 및 b: θ에 무관한 양

c. 외피 표면 자냉형의 기계 및 유입 변압기의 경우　공기의 대류에 의한 열전달 계수 h_c는 식 (4.10)과 같이 된다.

$$h_c \fallingdotseq 6.5 + 0.05\theta\ [\mathrm{W/(m^2 \cdot K)}] \tag{4.10}$$

θ 대신에 35K을 대입하면, 식 (4.11)이 된다.

$$h_c \fallingdotseq 8\,\mathrm{W/(m^2 \cdot K)} \tag{4.11}$$

d. 냉각 매체가 액체의 경우　비중·열전도율이 공기의 경우보다 현저하게 크기 때문에 변압기의 경우에는 $h_c \fallingdotseq 110\,\mathrm{W/(m^2 \cdot K)}$가 되어, 방사를 무시할 수 있다.

2. 강제 통풍의 경우　공기의 작은 부분에 강력한 소용돌이가 생겨서 가열된 부분이 차가워진 부분 사이에 침입하기 때문에 냉열의 혼합에 의해서 비교적 신속하게 열의 순환이 일어나 방사의 영향은 따로 고려할 필요가 없다. 이 경우의 열전달 계수는 상대속도의 크기 및 방향, 표면의 성질에 따라서 다르다.

a. 제지 원통에 공기를 내뿜었을 경우　닦은 황동의 원통에 v[m/s]의 속도로 공기를 직경 방향에 반대인 곳에서 내뿜었을 경우

$$h_c = 10(1 + 0.78v^2)\ [\mathrm{W/(m^2 \cdot K)}] \tag{4.12}$$

상기의 원통이 면포로 절연되어 있는 경우

$$h_c = 10(1 + 0.54v^2)\ [\mathrm{W/(m^2 \cdot K)}] \tag{4.13}$$

b. 압연한 그대로 녹슨 동판의 표면에 평행하게 공기가 유동하는 경우 공기의 속도를 v[m/s]라 하면

$$h_c = 7.14v^{0.78}\ [\mathrm{W/(m^2 \cdot K)}],\ v > 5 \tag{4.14}$$

c. 동의 원통이 정지한 공기 중에서 회전하는 경우 드러나 있는 원통이 v[m/s]의 속도로 회전하는 경우는

$$h_c = 3.68(1 + 0.96\sqrt{v})\ [\mathrm{W/(m^2 \cdot K)}] \tag{4.15}$$

상기의 원통 표면에 바니스가 도포되어 있는 경우는

$$h_c = 5.96(1 + 0.75\sqrt{v})\ [\mathrm{W/(m^2 \cdot K)}] \tag{4.16}$$

따라서 상대속도가 같을 때는, 원통이 회전하는 경우의 h_c는 공기가 평활면 위를 유동하는 경우보다 상당히 작다. 이것은 원통이 회전하는 경우, 원통이 극히 가까운 공기층을 수반하여 회전하므로 원심력을 위해서 그 표면의 공기가 희박하게 되는 것, 외측에 소용돌이가 발생하지 않는 것, 한 번 가열된 공기가 새로운 냉기와 섞이지 않는 것으로 설명된다.

정류자의 경우에는 그 표면에 놓여진 브러시 때문에 정류자 표면에 가까운 공기는 브러시 부분에서 소용돌이를 일으키며, 브러시를 통해 열이 발산되기 때문에 식 (4.15)는 들어맞지 않는다.

4.2.3 전도

기기 내부에서 발생한 열은 외부로 흐르기 때문에 온도 강하를 일으킨다. 특히, 열전도율이 낮은 절연물 중에서의 온도 강하가 현저하다. 평판 모양 도열체에 대해 그 양측의 온도가 각각, t_1[℃] 및 t_2[℃]일 때, 고온의 t_1[℃]의 측으로부터 저온의 t_2[℃] 측으로, 그 단위 면적당 단위 시간에 흐르는 열량 q는 식 (4.17)로 표현된다.

$$q = k\frac{t_1 - t_2}{d}\ [\mathrm{W/m^2}] \tag{4.17}$$

여기서, k: 판의 열전도율[W/(m · K)](표 4.3), d: 판의 두께[m]

표 4.3 열전도율

재 료	온도 [℃]	k [W/(m·K)]	재 료	온도 [℃]	k [W/(m·K)]
동(전해동(순))	30	381	강철	0~100	40~60
알루미늄		206	유리 계열	10	0.042
비중 2.7 99.1%	100		비중 0.051~0.133		
철 거친		4.6	유리 섬유		0.58~1.2
철 순수한		58~70	마이카	41.3	0.36
전기철판(표면에 평행)	40	42.5	마이카나이트 관	51.3	0.103
바니시 없음(표면에 수직)	40	0.62	자기	95	1.04
바니시 있음(표면에 수직)	20	0.57	목면 비중 0.081	0~100	0.057~0.070
규소강			동 바니시 함침		0.24~0.27
바니시 없음(표면에 평행)	40	16.5	파이버 비중 1.22	20	0.277
(표면에 수직)	20	0.56	고무	25	0.134~0.284
바니시 있음(표면에 수직)	60	0.52	목재(소나무)	20	0.349
황동		64~128	가죽	84	0.176
니켈 99%	18	58.7	종이		0.05~0.13
동(특순)	18	450	동 바니시 함침		0.125~0.167

가령 코일의 내부에서 단위 시간당 발생하는 열량을 Q[W]로 하고, 온도 분포가 평형 상태에 이르렀을 때, 절연물의 두께를 d[m]라 하면, 절연물 중의 온도 강하 θ[K]는 식 (4.18)와 같다.

$$\theta = \frac{Qd}{kA}[\mathrm{K}] \tag{4.18}$$

여기서, A: 절연물의 평균 표면적[m^2](평균 턴 길이[m]와 절연물의 평균 원주 길이[m]와의 곱)

열전도 법칙은 전기회로에서의 옴의 법칙과 유사하다. $d/kA = R$을 열저항, Q를 열류로 하면, θ는 온도차이며 각각 전기회로의 전기저항, 전류, 전압차(전압)에 해당한다. 열저항이 크면 온도차가 커지는 것을 알 수 있다.

전기기계는 슬롯 내부에 절연된 코일이 있고, 코일의 저항손이 발생하면 그 열은 슬롯 벽의 방향으로 흐른다. 이 경우 열은 코일의 동, 절연물 및 틈에 존재하는 공기의 층을 통해 흐른다. 이러한 현상이 **열의 전도**이다. 그리고 절연물 및 공기의 열저항이 높기 때문에 이 부분에서 높은 온도 강하가 일어나게 되어 절연물이나 공기의 양이 많을수록 열의 전도가 나쁜 것을 알 수 있다. 이것을 방지하기 위해서는 가능한 열저항이 낮고(즉, 열전도율이 높은), 얇은 절연물을 사용하여 바니스 함침을 실시하여 열저항을 한층 더 낮추는 것, 특히 진공 함침을 실시해 공기를 배제하는 것이 바람직하다.

4.2.4 열회로망

온도 상승의 계산을 간략화하기 위해 열회로망을 생각할 수 있고, 이것은 발열체의 평균 온도 상승을 요구한다.

전도에 의한 열의 이동, 발산에 대해서 열저항과 열류를 사용하고 전기회로망의 전류원 회로와 닮은 회로를 구성한다. 저항에 전류가 흘렀을 때, 그 저항의 양단에 전위차가 생기는 것과 등가라고 생각하여 열저항에 열류가 흐르면 온도차가 생겨 냉매의 온도를 기본으로 열원의 온도를 산출할 수 있다.

식 (4.17)에서, $\theta = qR[\mathrm{K}]$, q는 단위 면적당이므로 열류가 흐를 방향의 단면적을 $S[\mathrm{m}^2]$, 방열면적 $A_r[\mathrm{m}^2]$, 대류에 대한 발산 면적을 $A_c[\mathrm{m}^2]$라 하면, 전도의 열저항 R_c는 식 (4.18)에서 도체의 길이를 $l[\mathrm{m}]$로 하면 l/kS, 방사의 열저항 R_r은 식 (4.4)에서 $1/A_rh_r$, 대류의 열저항 R_c는 식 (4.6)에서와 같이 생각해 $1/A_ch_c$가 된다. 이 열저항을 사용하는 예로서 그림 4.1에 동기기 고정자의 열회로망을 나타낸다.

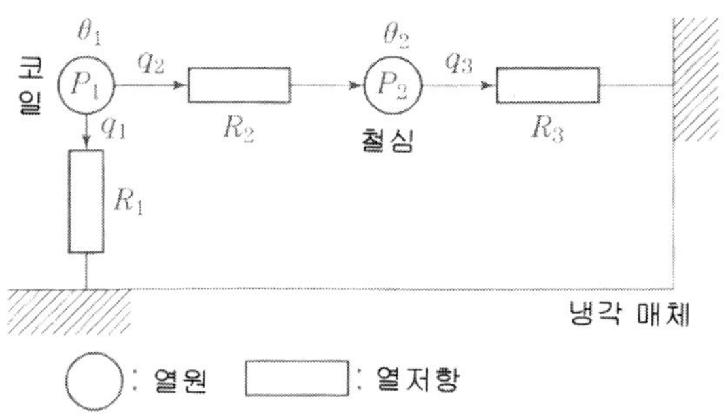

P_1: 고정자 코일에서의 손실[W]
P_2: 철심에서의 손실
θ_1; 코일의 평균 온도 상승
θ_2; 철심의 평균 온도 상승
R_1: 코일과 냉각 매체 간의 열저항
R_2: 코일과 철심 간의 열저항
R_3; 철심과 냉각 매체 간의 열저항

그림 4.1 동기기 고정자의 열회로망

그림 4.1을 식 (4.19)로 표현할 수 있다.

$$\frac{\theta_1}{R_1} = q_1, \quad \frac{\theta_1 - \theta_2}{R_2} = q_2, \quad \frac{\theta_2}{R_3} = q_3$$
$$P_1 = q_1 + q_2, \quad q_3 = q_2 + P_2 \tag{4.19}$$

이것을 풀게 되면,

$$\left.\begin{aligned} \theta_1 &= \frac{(R_1R_2 + R_1R_3)P_1 + R_1R_3P_2}{R_1 + R_2 + R_3}[\mathrm{K}] \\ \theta_2 &= \frac{R_1R_3P_1 + (R_2R_3 + R_1R_3)P_2}{R_1 + R_2 + R_3}[\mathrm{K}] \end{aligned}\right\} \tag{4.20}$$

되어 냉매에 대한 코일의 온도 상승 θ_1과 철심의 온도 상승 θ_2가 요구된다.

식 (4.20)에 대해 철심부의 손실 P_2를 0으로 하면, 코일의 온도 상승 θ_1은 R_1과 R_2+R_3의 병렬 합성저항에 의해서 결정, 그 때의 철심부의 온도 상승 θ_2는 θ_1과 $R_3/(R_2+R_3)$에 분압되고 있는 것을 알 수 있다.

4.3 온도 상승

전기기기 내의 손실에 의해서 발생한 열의 일부는 기기 내에 축적되어 각부의 온도를 높이지만, 일부는 방사, 전도 및 대류에 의해서 외부에 전달되어 발생하는 열량과 전달하는 열량이 동일해지면 온도는 일정하게 된다.

4.3.1 일정한 연속 부하의 경우

온도 상승의 일반식은 식 (4.21)과 같다.

$$Q\mathrm{d}t - Ah\theta\mathrm{d}t = C\mathrm{d}\theta \tag{4.21}$$

여기서, Q: 물체에 발생하는 열량 [W], A: 물체의 냉각 면적 [m^2], h: 열전달 계수 [W/(m^2 · K)], θ: t시간 후의 온도 상승 [K], C: 물체의 열용량 [J/K]

제1항은 $\mathrm{d}t$ 시간에 발생하는 열량, 제2항은 같은 시간에 전달하는 열량으로 그 차이만큼의 열량이 물체 내에 축적되어 $\mathrm{d}\theta$의 온도 상승을 일으킨다. 식 (4.21)을 변형하여,

$$\mathrm{d}t = \frac{C\mathrm{d}\theta}{Q - Ah\theta} \tag{4.22}$$

로 나타나게 되어, 그 해를 구하면 식 (4.23)과 같이 된다.

$$t = -\frac{C}{Ah}\ln(Q - Ah\theta) + K \tag{4.23}$$

다만, K는 극한 조건으로부터 결정되는 적분 상수로, $t=0$ 때 $\theta=\theta_0$와

$$K = \frac{C}{Ah}\ln(Q - Ah\theta_0) \tag{4.24}$$

식 (4.24)를 식 (4.23)에 대입해,

$$\frac{Ah}{C}t = \ln\frac{Q - Ah\theta_0}{Q - Ah\theta} \tag{4.25}$$

온도 상승 θ는 식 (4.26)이 된다.

$$\theta = \frac{Q}{Ah}\left\{1 - \exp\left(-\frac{t}{T_C}\right)\right\} + \theta_0 \exp\left(-\frac{t}{T_C}\right),\quad 여기서,\ T_C = \frac{C}{Ah} \tag{4.26}$$

식 (4.26)은 $t = 0$ 때 $\theta = 0$라고 하면 우변의 제2항이 소거되고, 그림 4.2의 곡선 a로 나타내어지고 이것을 **가열 곡선**이라고 한다.

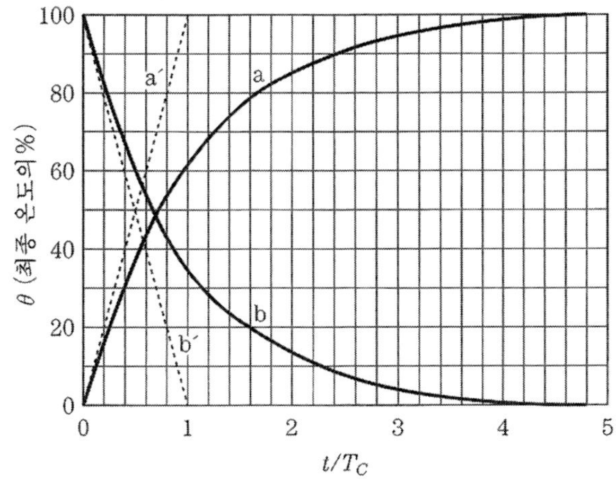

그림 4.2 온도 상승 곡선

식 (4.26)으로 $t = \infty$ 라고 하면,

$$\theta_m = \frac{Q}{Ah} \tag{4.27}$$

또, $t = T_C$라고 하면,

$$\theta_{t = T_C} = 0.632\theta_m \tag{4.28}$$

되어 온도는 T_C 시간 후에 최종값의 63.2%에 이르게 되고, T_C를 **열시정수**이라고 한다.

기계에 발생하는 열량이 없고 이것을 $\theta_1{}'$으로부터 냉각시키는 경우에는 식 (4.21)에 $Q\mathrm{d}t = 0$으로 두면, 식 (4.27)에 의해서 $\theta_m = 0$이 되어 식 (4.26)으로부터,

$$\theta = \theta_1{}'\exp\left(-\frac{t}{T_C}\right) \tag{4.29}$$

된다. 식 (4.29)는 그림 4.2의 곡선 b로 표현되며, 이것을 **냉각 곡선**이라고 한다.

위의 계산은 Q 및 h가 모두 일정하다고 가정한 후 계산을 수행한 것이고, 실제로는 온도와 함께 도체의 저항, 열전달 계수 및 절연물의 열전도율이 증가한다. 기기는 단일 물체가 아니고 여러 개의 시정수를 갖는 것의 집합이므로, Q 및 h는 온도와 함께 변화하여 식 (4.26) 및 식 (4.29)가 나타내는 것과는 다른 변화를 가지게 되어 최종 온도 상승은 일반적으로 이러한 값보다 높아진다.

덧붙여 열시정수는 가열과 냉각 시는 일반적으로 다르므로, 그림 4.2와 같이 가열 곡선과 냉각 곡선은 좌우대칭 상의 관계는 없다.

4.3.2 부하가 변화하는 경우

부하가 시간과 함께 그림 4.3과 같이 변화하는 경우에 온도 상승이 식 (4.26) 및 (4.29)와 같이 변화하면 $\theta_1, \theta_2, \theta_3, \cdots$은 식 (4.30)과 같다.

$$\left.\begin{aligned}
\theta_1 &= \theta_{m1}\left\{1-\exp\left(-\frac{t_1}{T_C}\right)\right\} & \theta_{m1} &= \frac{Q_1}{Ah} \\
\theta_2 &= \theta_{m2}\left\{1-\exp\left(-\frac{t_2}{T_C}\right)\right\}+\theta_1\exp\left(-\frac{t_2}{T_C}\right) & \theta_{m2} &= \frac{Q_2}{Ah} \\
\theta_3 &= \theta_{m3}\left\{1-\exp\left(-\frac{t_3}{T_C}\right)\right\}+\theta_2\exp\left(-\frac{t_3}{T_C}\right) & \theta_{m3} &= \frac{Q_3}{Ah}
\end{aligned}\right\} \tag{4.30}$$

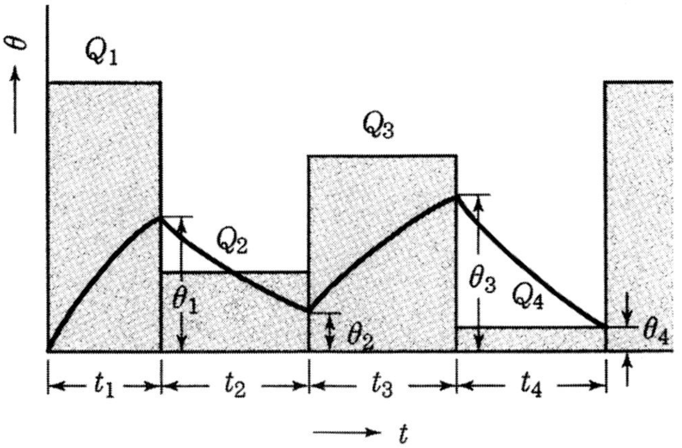

그림 4.3 부하가 변하는 경우의 온도 상승

4.3.3 반복 부하의 경우

특수한 경우로서 그림 4.4와 같이 일정한 부하가 일정한 간격을 두고 걸릴 수 있는 경우, 즉 일정 부하의 운전 시간 t_1과 정지 시간 t_2가 주기적으로 여러번 반복되는 경우를 **반복 부하**라고 한다. 다음 $t_1/(t_1+t_2)$은 **부하 시간율**이다.

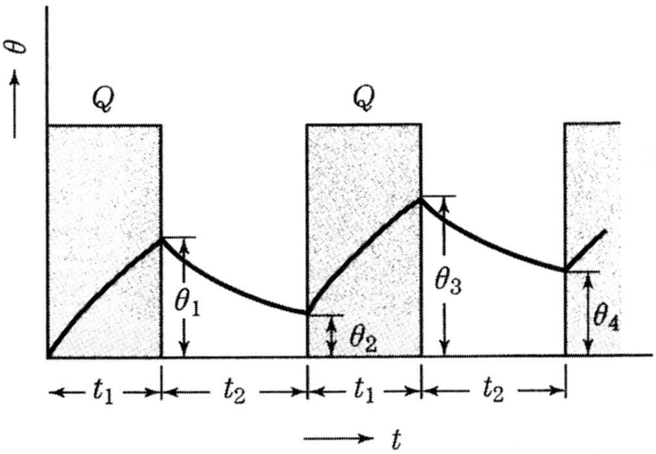

그림 4.4 반복 부하에 의한 온도 상승

반복 운전 중의 온도는 연속 운전에서의 가열 곡선 및 냉각 곡선으로부터 결정할 수 있다. 온도 상승 $\theta=0$에서부터 운전을 시작할 수 있는 것이라고 하면, 온도 상승 θ는 $t=t_1$ 시간까지 식 (4.26)의 상승 곡선을 따르고, 운전정지 중에는 식 (4.29)의 냉각 곡선을 따라서 강하한다. $\theta_m=Q/Ah$라고 하면 다음 식을 얻을 수 있다.

$$\theta_{2n} = \theta_m \exp\left(-\frac{t_2}{T_C}\right)\left\{1-\exp\left(-\frac{t_1}{T_C}\right)\right\}\frac{1-\exp\left(-\frac{t_1+t_2}{T_C}n\right)}{1-\exp\left(-\frac{t_1+t_2}{T_C}\right)} \tag{4.31}$$

$$\theta_{2n+1} = \theta_m \left\{1-\exp\left(-\frac{t_1}{T_C}\right)\right\}\frac{1-\exp\left\{-\frac{t_1+t_2}{T_C}(n+1)\right\}}{1-\exp\left(-\frac{t_1+t_2}{T_C}\right)} \tag{4.32}$$

마지막에 도달하는 최대 온도 상승은 식 (4.33)과 같이 나타난다.

$$\theta_\infty = \theta_m \frac{1-\exp\left(-\frac{t_1}{T_C}\right)}{1-\exp\left(-\frac{t_1+t_2}{T_C}\right)} \fallingdotseq \frac{t_1}{t_1+t_2}\theta_m \tag{4.33}$$

4.3.4 온도 상승의 계산법

온도 상승 θ를 간편하게 계산하려면 여러 가지의 실험식이 있지만 일례를 들면 다음과 같다.

1. 직류기 전기자의 온도 상승 전기자 코일과 철심은 온도가 일정한 상태에서는 그 온도 차가 적기 때문에 양자를 일괄해 온도 상승을 산출한다.

$$\theta = K\frac{Q_a}{A_a} \cdot \frac{1}{1+0.1v_a}[\mathrm{K}] \tag{4.34}$$

여기서, $Q_a = (\text{철손}) + (\text{전기자 저항손}) \times \frac{\text{철심 전체길이}}{1/2(\text{코일 평균길이})}[\mathrm{W}]$

$A_a = \pi Dl + \pi D_m d_c(2+n_s)\,[\mathrm{m}^2]$, D: 전기자 외경 [m], l: 철심 길이(통풍 덕트를 포함) [m]

$D_m = (D+D_2)/2$, D_2: 전기자 철심 내경 [m], d_c: 철심 깊이 [m], n_s: 통풍 덕트 수, v_a: 전기자 회전 속도 [m/s], K=0.035~0.045

2. 정류자의 온도 상승 정류자의 온도 상승은 다음 식으로 구할 수 있다.

$$\theta = K\frac{Q_c}{A_c} \cdot \frac{1}{1+0.1v_c}[\mathrm{K}] \tag{4.35}$$

여기서, Q_c = (브러시 전기손) + (브러시 마찰손) [W], $A_c = \pi D_c l_c [\mathrm{m}^2]$, D_c: 정류자 직경 [m], l_c: 정류자 길이 [m], v_c: 정류자 회전 속도 [m/s], $K = 0.0135 \sim 0.015$

3. 직류기 계자 코일의 온도 상승 직류기 계자 코일의 온도 상승 θ는 다음 식으로 구할 수 있다.

$$\theta = K \frac{Q_f}{A_f} [K] \tag{4.36}$$

여기서, Q_f: 계자 코일의 저항손 [W], A_f: 계자 코일의 철심에 접하는 면을 제외한 다른 3방향의 냉각 면적 [m^2], $K = 0.045 \sim 0.075$

4. 동기기 전기자 코일 및 유도전동기 고정자 코일의 온도 상승 코일 내의 동손에 의해 발생하는 열량이 전부 슬롯의 벽을 통해 철심에 전도된다고 하면 다음 식에 의해 온도 상승이 요구된다. 실제로는 코일단으로부터 공기 중에 방사되는 것도 있지만, 실험상 이 방법으로 계산해 실제에 가까운 값을 얻을 수 있다.

$$\theta = \frac{50\,Q}{KA_s} [\mathrm{K}] \tag{4.37}$$

여기서, Q: 100℃로 환산한 코일 내의 저항손 [W], A_s: 슬롯벽의 방열 면적 [m^2], K: 코일의 절연 두께에 따라서 다른 계수이며 11,000V에서 540, 6,600V에서 700, 3,300V에서 850.

계산의 편의를 위하여 코일 길이 1m에 대해서 생각하면, 식 (4.37)의 Q/A_s는 식 (4.38)과 같이 된다.

$$\begin{aligned} \frac{Q}{A_s} &= \frac{ZRI^2}{A_s} = 2.26 \times 10^{-8} \times \frac{Z \times I^2}{(2h+s) \times S} \\ &= 2.26 \times 10^{-8} \times \sigma^2 \frac{ZS}{2h+s} [\mathrm{W/m^2}] \end{aligned} \tag{4.38}$$

여기서, Z: 1슬롯의 모든 도체 수, I: 1회로의 전류 [A], h: 슬롯이 깊이 [m], s: 슬롯의 폭 [m], S: 도체의 단면적 [m^2], σ: 도체의 전류밀도 [A/m^2]

5. 동기기 계자 코일의 온도 상승 동기기 계자 코일의 온도 상승은 식 (4.39)와 같이 구할 수 있다.

$$\theta = K\frac{Q_f}{A_f(1+0.1v)}\ [\mathrm{K}] \tag{4.39}$$

여기서, Q_f: 계자 코일의 저항손 [W], A_f: 계자 코일의 냉각 면적 [m^2], v: 계자의 주변 속도 (평균치) [m/s], $K=0.03\sim0.04$

6. 변압기 코일의 온도 상승 기름의 온도에 대한 코일의 온도 상승은 식 (4.40)과 같이 구할 수 있다.

$$\theta = K\frac{Q_t}{A_t}\ [\mathrm{K}] \tag{4.40}$$

여기서, Q_t: 코일 내의 저항손 [W], A_t: 냉각면적 [m^2], $K=0.013$

판 모양 코일에서는 식 (4.40)의 Q_t/A_t는 식 (4.41)과 같이 된다.

$$\frac{Q_t}{A_t} = \frac{\rho l S \sigma^2}{2lbk} = 1.4a\sigma^2 \times 10^{-8}\ [\mathrm{W/m^2}] \tag{4.41}$$

여기서, ρ: 75°C에서 동의 저항률 $=2.1\times10^{-8}$ [$\Omega\cdot\mathrm{m}$], l: 코일의 길이 [m], S: 코일의 단면적 [m^2], σ: 전류밀도 [$\mathrm{A/m^2}$], a: 코일 도체의 축방향 치수 [m], k: 보정률=0.75, b: 코일 도체의 반경 방향 치수 [m]

변압기 기름의 온도 상승은 외부 온도 상승보다 5K 정도 높다. **외부의 온도 상승**은 식 (4.42)로 나타내진다.

$$\theta_t = \frac{W}{h_r A_r + h_c A_c}\ [\mathrm{K}] \tag{4.42}$$

여기서, W: 변압기의 전체손실 [W], A_r: 방사에 대한 방열면적 [m^2], A_c: 대류에 대한 방열면적 [m^2], h_r: 방사에 대한 열전달 계수≒7 W/($\mathrm{m}^2\cdot$K), h_c: 대류에 대한 열전달 계수≒7 W/($\mathrm{m}^2\cdot$K)

제 5 장 냉각 방식

5.1 서 론

전기기기에서 발생하는 손실에 의한 열은 1차 냉매로 갈 수 있어, 1차 냉매는 연속적으로 새로운 냉매와 교체하거나 혹은 열교환기의 2차 냉매로 옮겨져서 치환되어 냉각을 한다. 여기에서 **1차 냉매**는 열의 발생부에 직접 접촉해서 거기로부터 열을 제거하는 매체를 말하고, **2차 냉매**는 열교환기에 의해서 1차 냉매로부터의 열을 제거하는 매체를 말한다.

회전기의 냉각은 다음 절에서 말하는 세 가지 형식의 조합에 의해서 행해지며, 규격 JEC-2100에 따라 표시 기호로 나타낸다. 표시 기호는 문자 기호 IC에 이어 냉매 통로의 형식, 냉매 종류의 형식 및 냉매 전달 방법의 형식을 나타내는 숫자 기호와 문자 기호로 구성된다.

완전 기호 방식과 간이 기호 방식이 있으며, 전자는 주로 후자가 적용할 수 없는 경우에 사용한다.

5.2 냉각 방식에 의한 분류

회전기의 냉각은 다음의 형식 조합에 의해서 분류된다.

(1) 냉매 통로 및 열방산의 종류에 의한 형식(표 5.1)

(2) 냉매의 종류에 의한 형식(표 5.2)

(3) 냉매의 전달 방법에 의한 형식(표 5.3)

표 5.1 냉매 통로 및 열방산의 종류

숫자 기호	명칭	정의
0[1)]	자유 통류	냉매는 직접 주위 매체로부터 외피에 있는 개구부를 통해서 자유롭게 들어오고, 회전기를 냉각하고 나서 자유롭게 직접 주위 매체로 되돌린다(개방 통로).
1[1)]	인입관 또는 입구 덕트 통류	냉매는 회전기에서 떨어진 곳에 있는 매체로부터 받아들이고, 인입관 또는 입구 덕트를 거쳐 회전기로 이끌고, 회전기를 통해 직접 주위 매체로 되돌린다(개방 통로).
2[1)]	출구관 또는 출구 덕트 통류	냉매는 직접 주위 매체로부터 받아들이고, 회전기를 통해서 출구관 또는 출구 덕트를 거쳐 회전기에서 떨어진 곳에 있는 매체로 방출한다(개방 통로).
3[1)]	양측관 또는 양측 덕트 통류	냉매는 회전기에서 떨어진 곳에 있는 매체로부터 받아들이고, 인입관 또는 출구 덕트를 거쳐 회전기로 이끌고, 회전기를 통해서 출구관 또는 출구 덕트를 거쳐 회전기에서 떨어진 곳에 있는 매체로 방출한다(개방 통로).
4	외피 표면 냉각형	1차 냉매는 회전기 내 닫힌 통로를 순환한다. 고정자 철심이나, 다른 열전달 부분을 사이에 두고 열의 전달이 진행되며 외피 표면을 통해서 주위 매체인 최종 냉매에 그 열을 전달한다. 외피는 평탄해도 좋고, 열전달을 개선하기 위한 외부 팬 가이드가 부착되거나 가이드 없이 리브가 있어도 좋다.
5[2)]	붙박이 열교환기형 (주위 매체를 이용)	1차 냉매는 닫힌 통로 내를 순환해, 회전기에 붙박이 열교환기를 통해 주위 매체인 최종 냉매에 그 열을 전달한다.
6[2)]	부착 열교환기형 (주위 매체를 이용)	1차 냉매는 닫힌 통로 내를 순환해, 회전기에 직접 설치한 열교환기를 통해 주위 매체인 최종 냉매에 그 열을 전달한다.
7[2)]	붙박이 열교환기 (원방 매체를 이용)	1차 냉매는 닫힌 통로 내를 순환해, 회전기에 붙박이 열교환기를 통해 원방 매체인 2차 냉매에 그 열을 전달한다.
8[2)]	부착 열교환기형 (원방 매체를 이용)	1차 냉매는 닫힌 통로 내를 순환해, 회전기에 직접 설치한 열교환기를 통해 원방 매체인 2차 냉매에 그 열을 전달한다.
9[2) 3)]	별도 열교환기형	1차 냉매는 닫힌 통로 내를 순환해, 회전기와는 별도로 열교환기를 통해 주위 매체나 원방 매체인 2차 냉매에 그 열을 전달한다.

주) 1) 필터나 래버린스(labyrinth)를 스트레이너(strainer)와 소음 때문에 외피나 도관에 설치하는 경우가 있다. 숫자 기호의 0에서 3은 주위매체보다 낮은 온도의 매체를 받기 위해서 열교환기를 통해 주위매체로부터 냉매를 받아들이는 회전기, 또는 주위온도를 보다 낮게 유지하기 위해서 열교환기를 통해서 냉매를 배출하는 회전기에도 적용된다.

2) 열교환기의 종류는 지정하지 않는다(평활 또는 리브 부착 관, 그 외)

3) 별도 열교환기는 회전기 옆에 두는 경우와 회전기로부터 떨어진 위치에 두는 경우가 있다. 기체의 2차 냉매는 주변 매체인 것과 거리가 떨어진 매체가 있다.

비고 : 냉매가 공기인 경우, 통류를 통풍이라고 해도 무방하다.

표 5.2 냉매의 종류

문자 기호	냉매	문자 기호	냉매
A	공기	W	물
F	프레온	U	기름
H	수소	S	그 외
N	질소	Y	미규정
C	이산화탄소		

표 5.3 냉매의 통류 방법

숫자 기호	명칭	정의
0	자유 대류	냉매의 흐름은 온도차에 따른다. 회전자의 팬 작용은 무시할 수 있다.
1	자력 통류	냉매는 회전자 자체 팬 작용에 따르거나, 혹은 축에 직접 연결된 부품, 또는 주 기기의 회전자에 따라 기계적으로 구동되는 팬, 펌프 등을 고려하여 주기의 회전속도에 따라 통류한다.
2 3 4		예비 번호
5[1]	타력 통류 (붙박이 장치에 의한 통류)	냉매는 주기기로부터 독립해 구동되는 붙박이 장치에 의해서 흐르고 그 동력은 주 기기의 회전속도와는 무관하다. 그 예로, 주기기와는 별도인 전동기에 의해서 구동되는 내부 팬 또는 펌프에 의해 통류한다.
6[1]	타력 통류 (설치 장치에 의한 통류)	냉매는 주기기에 설치된 장치에 의해서 흐르고, 그 동력은 주기기의 회전속도와는 무관하다. 그 예로, 주기기와는 별도인 전동기에 의해서 구동되는 주기기 부착 팬 또는 펌프에 의해 통류한다.
7[1]	타력 통류 (별도 장치에 의한 통류)	냉매의 흐름은 별도 부착된 전기적, 기계적 장치에 따르거나, 냉매 순환 시스템의 압력에 따른다. 그 예로, 급수 시스템, 또는 가스 압력에 위해 통류한다.
8[1]	상대 통류	냉매의 흐름은 냉매와 회전기와의 상대적 운동에 따른다. 냉매 안을 회전기가 운동하거나, 주위 냉매(공기 또는 액체)가 흐르는 경우가 있다.
9[1]	그 외의 형성	냉매의 통류 방법을 상기 이외 방법으로 실시한다. 냉매의 통류 방법을 상세히 기술한다.

주) 1) 냉매원으로 독립된 장치를 사용하더라도 회전자의 팬 작용이나 주기의 회전자에 직결된 보조 팬이 있어도 무방하다.

비고 : 냉매가 공기인 경우, 통류를 통풍이라고 해도 무방하다.

완전기호	IC0A1	IC4A1A1
간이기호	IC01	IC411
개략도	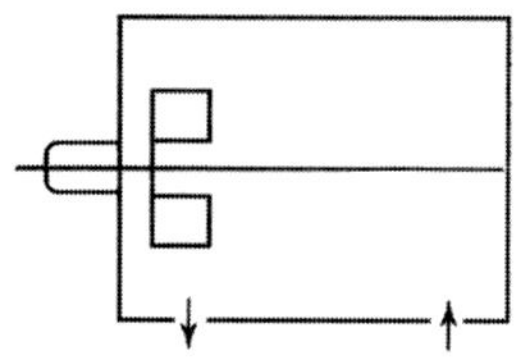 (a) 자유통류·자기통류	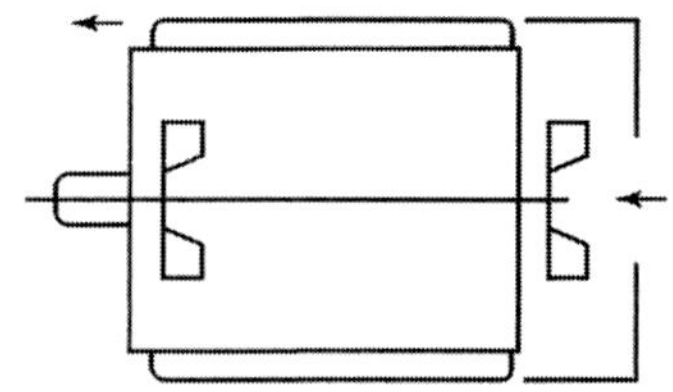 (b) 외피표면냉각형·자기통류
완전기호	IC6A1A1	IC8A1W7
간이기호	IC611	IC81W
개략도	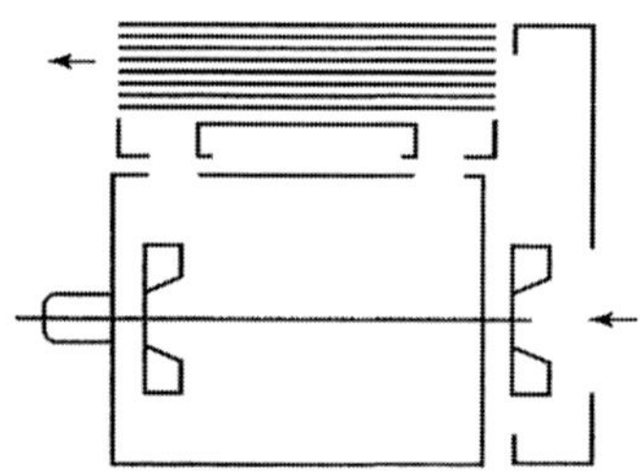 (c) 장착 열교환기형·자기통류 (주위냉매 사용)	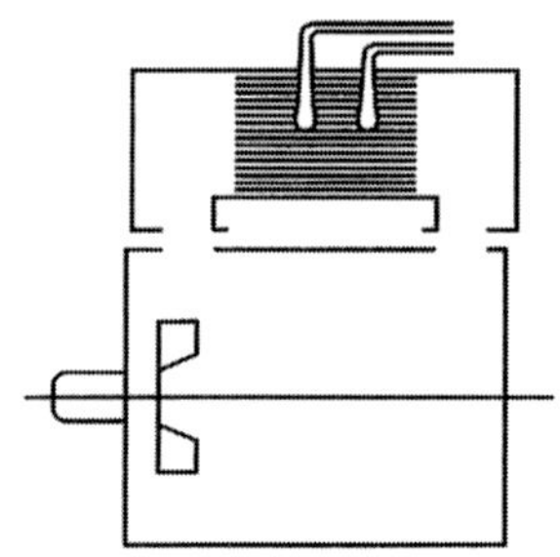 (d) 장착 열교환기형·자기통류 (원방냉매 사용)

[기호의 설명]　　　　IC 8 A 1 W 7

(1) 문자기호 ── IC
(2) 냉매통로 방식(표 5.1) ── 8
(3) 1차 냉매(표 5.2) ── A
(A의 경우는 간이기호에서 생략)
(4) 1차 냉매를 보내는 방법(표 5.3) ── 1
(A의 경우는 간이기호에서 생략)
(5) 2차 냉매(표 5.2) ── W
(A의 경우는 간이기호에서 생략)
(6) 2차 냉매를 보내는 방법(표 5.3) ── 7
((5)에서 W를 사용할 때, 7의 경우는 간이기호에서 생략)

그림 5.1 표시기호의 예

표시기호의 예 일반적으로 회전기의 냉각에 잘 사용되는 여러 형식의 개략도와 그 간이기호 및 완전기호를 그림 5.1에 나타냈다. 그림 5.1(d)는 주요기기의 회전자에 붙어있는 팬에 의해서 내부 공기를 순환시켜, 열 교환기로부터 보내져온 물과 열 교환하는 회전기이다.

5.3 변압기의 냉각 방식

변압기의 냉각 방식에는 그 구성요소인 코일 및 철심을 직접 냉각하는 매체 및 그것들을 한층 더 냉각하는 주위의 냉각 매체(공기 또는 물)의 종류와 순환 방식에 의해서 분류된다.

냉각 방식을 기호로 표시하는 경우에는 냉각 매체의 종류 및 순환 방식을 표 5.4에 나타내는 순서에 기호를 배열한다. 동일 변압기로 두 개 이상의 냉각 방식을 병용하는 경우에는 각각 냉각 방식의 기호를 늘어놓아 표시한다.

표 5.4 냉각 방식의 표시 문자의 배열순서와 기호

문자순서	설명	기호	
제1문자	권선 및 철심을 직접 냉각하는 매체의 종류	O	광유 또는 연소점이 300℃[1] 이하의 절연 액체
		K	연소점이 300℃를 넘는 절연 액체
		L	연소점을 측정할 수 없는 절연 액체
		A	공기
		G	가스(예를 들어, SF_6)
제2문자	권선을 직접 냉각하는 매체의 순환방식	N	냉각기, 권선 내부 모두 자연 순환한다.
		F	냉각기 내부는 강제 순환하지만 권선 내부는 강제 순환하지 않는다.
		D	냉각기, 권선 내부 모두 강제 순환한다.
제3문자	주위 냉각매체의 종류	A	공기
		W	물
제4문자	주위 냉각매체의 순환방식	N	자연 대류
		F	강제 순환(냉각팬, 플로어, 펌프)

주 1) 연소점 측정은 JIS K 2265에 따른다.

비고: 탱크가 없는 건식변압기의 경우 제1 및 제2문자만으로 표시한다.

해설: 제2문자가 D인 변압기에서 주권선 내의 냉각매체 유량은 펌프, 가스 송풍기에 의해 정해져 원리적으로는 부하에 따르지 않는다. 철심이나 탭 권선, 그 외의 비교적 작은 용량의 권선, 그 외의 구조물에 대해서도 강제 순환된 냉각매체에 의해 냉각되는 경우도 있다.
이것에 대해 제2문자가 F인 변압기에서 각 권선의 냉각매체 유량은 부하에 따라 변화하여 펌프, 가스 송풍기에 의한 냉각기 내의 냉각매체 유량에는 직접 관계하지 않는다.

표 5.5에 냉각 방식의 표시 기호의 예를 나타낸다. 냉각 매체로서 기름을 사용하지 않는 것을 건식이라고 한다.

(1) AN　철심 및 코일이 주위의 공기에 의해 자연스럽게 냉각한다.

(2) AF　강제 통풍에 의해서 냉각한다.

(3) ANAN　철심 및 코일을 질소 또는 공기를 봉입한 완벽한 외상에 수납하여 외상의 표면의 공기에 의해 자연스럽게 냉각한다.

(4) ANAF　상기의 상자의 표면을 강제 통풍에 의해서 냉각한다.

냉각 매체로서 절연유를 사용하여 코일 및 철심을 외상 내에 집어넣어 절연유에 잠기게 한 것을 유입식이라고 한다.

(1) ONAN 외상 내 또는 외상에 설치한 방열기 표면의 공기에 의해 자연 냉각한다.

(2) ONAF 외상 또는 방열기 표면을 강제 통풍에 의해서 냉각한다.

(3) ONWF 절연유에 담근 냉각 코일은 물을 통해서 냉각한다.

(4) OFAN 절연유를 외상 밖으로 이끌어 공기에 의한 오일 쿨러를 가지고 냉각하여 이것을 기름 펌프에 의해 상자에 반환한다.

(5) OFAF 상기 방식에 대해 기름 냉각기를 강제 통풍에 의해서 냉각한다.

(6) OFWF 상기 방식에 대해 물에 의한 기름 냉각기에 의해서 냉각한다. 변압기의 냉각 방식의 개략도와 그 표시 기호의 예를 그림 5.2에 나타내었다.

표 5.5 냉각 방식의 표시 기호의 예

기호	냉각방식
ONAN	유입 자랭식
OFAN	송유 자랭식
ODAN	도유 자랭식
OFAF	송유 풍랭식
ODAF	도유 풍랭식
ONWF	유입 수랭식
OFWF	송유 수랭식
GNAN	가스입 자랭식
GDAF	안내 가스 풍랭식
AN	건식 자랭식
AF	건식 풍랭식
ANAN	건식 폐쇄 자랭식
ANAF	건식 폐쇄 풍랭식
ONAN/ONAF	유입 자랭식/유입 풍랭식

기호	ONAN GFAN	ONAF GFAF	ONWF GFWF
개략도	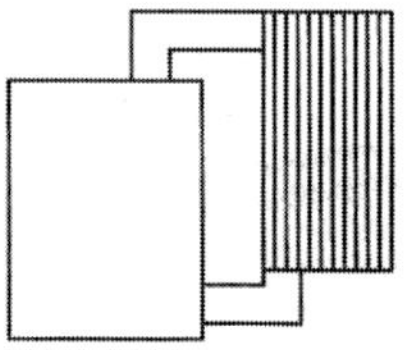	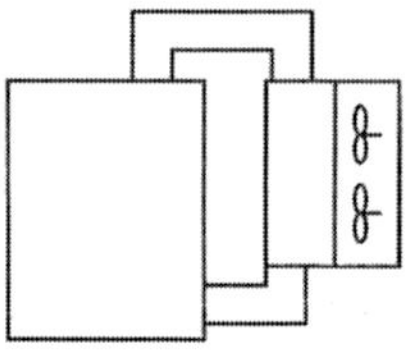	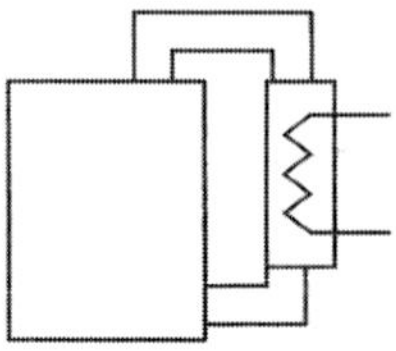

그림 5.2 표시 기호의 예

유입 변압기에서 기름은 냉각과 절연의 목적으로 이용되며 기름의 이용을 통해 고전압 대용량의 변압기가 생기게 되었다. 그러나 절연유는 인화점이 130℃ 정도로 낮은 온도에서 발화하기 쉬우므로 만일 내부의 방전 사고 등에서 외상이 파열하게 되면 기름이 인화·폭발, 화재 등의 우려가 있다.

이 대책으로서 과거에 불연성 합성 절연유(PCB)가 개발되어 사용되었던 적이 있었지만 공해 문제로 제조·사용이 중지되었다. 현재는 불연 대책으로서 대용량기에서는 SF_6 가스를 이용한 가스 절연 변압기가 개발되어 실용화되고 있다. 그러나 유입기와 비교해서 고가여서 특수한 환경의 도심 지하 변전소 등의 일부 사용에 머무르고 있다. 중전압 이하의 불연성에 대해서는 내열 클래스 B~H의 몰드 변압기가 보급되어 있다.

5.4 허용 온도 상승

5.4.1 회전 기계의 허용 온도 상승 한도

주위 공기 온도가 40℃ 이하, 설치 장소의 표고가 1,000m 이하에 대하여 연속정격으로 운전했을 때의 온도 상승 한도가 표 5.6과 같이 JEC 2100에 의해 규정되고 있다. 규정 조건 이하에 관해서는 한도를 보정하게 되어 있지만 여기에서는 생략한다.

각 종목 전기기계에 대해서는 각각의 규격에 규정되고 있다.

표 5.6 공기 간접 냉각형 회전기의 온도 상승 한도(JEC 2100)

단위[K]

항목	회전기 부분	내열 클래스														
		105(A)			120(E)			130(B)			155(F)			180(H)		
		온도계법	저항법	매입온도계법	온도계법	저항법	매입온도계법	온도계법	저항법	매입온도계법	온도계법	저항법	매입온도계법	온도계법	저항법	매입온도계법
1a)	출력 5,000kW(또는 kVA) 이상의 회전기 교류 권선	–	60	65[1)]	–	75	80	–	80	85[1)]	–	105	110[1)]	–	125	130
1b)	출력 200kW(또는 kVA) 초과, 5,000kW(또는 kVA) 미만의 회전기 교류 권선	–	60	65[1)]	–	75	80	–	80	90[1)]	–	105	115[1)]	–	125	135
1c)	출력 200kW(또는 kVA) 이하에서 항목 1d)나 1e) 이외의 회전기 교류 권선[2)]	–	60	–	–	75	–	–	80	–	–	105	–	–	125	–
1d)	출력 600W(또는 VA) 미만의 회전기 교류 권선[2)]	–	60	–	–	75	–	–	85	–	–	110	–	–	130	–

1e)	냉각팬 없는 자랭형(IC 40)·몰드절연권선[2]	–	65	–	–	75	–	–	85	–	–	110	–	–	130	–
2	정류자를 갖는 전기자 권선	50	60	–	65	75	–	70	80	–	85	105	–	–	125	–
3	항목 4 이외의 교류기·직류기의 계자권선	50	60	–	65	75	–	80	80	–	85	105	–	–	125	–
4a)	슬롯 내에 매입한 직류 계자권선을 가진 원통형 회전자 동기기의 계자권선에서 유도 동기 전동기 이외의 것	–	–	–	–	–	–	–	90	–	–	110	–	–	135	–
4b)	2층권 이상 직류기의 정지 계자권선	50	60	–	65	75	–	70	80	90	85	105	110	105	125	135
4c)	교류기·직류기의 2층권 이상의 저저항 계자권선 및 직류기의 보상권선	60	60	–	75	75	–	80	80	–	100	100	–	125	125	–
4d)	교류기·직류기의 노출된 나도체나 바니시 처리된 단층 권선[3]	65	65	–	80	80	–	90	90	–	100	110	–	135	135	–

1) 고전압 교류 코일의 경우에 보정이 적용되는 항목(정격 저압 12kV 이상의 고정자 코일)
2) 내열 클래스가 105(A), 120(E), 130(B), 155(F)이며 정격이 200kW(또는 kVA) 이하인 회전기의 코일에 중첩등가부하법을 적용할 경우는, 저항법의 온도 상승 한도가 5K를 넘어도 괜찮다.
3) 다중전선이어도 하층 코일이 1차 냉매에 각각 접속하고 있는 경우도 포함한다.

5.4.2 변압기의 허용 온도 상승 한도

주위의 냉각 매체가 공기의 경우, 최고 40℃, 월간 평균 35℃, 연간 평균 20℃를 넘지 않고, 설치 장소의 표고가 1,000m 이하일 때, JEC-2200으로 표 5.7과 같이 규정되고 있다. 특수 사용 상태에 있어서의 한도 보정의 규정도 있지만, 여기에서는 생략한다.

표 5.7 연속 부하 변압기의 온도 상승 한도

(a) 유입 변압기

변압기의 부분		온도 측정 방법	온도 상승 한도[K]
권선	기름 자연 순환의 경우(ON, OF)	저항법	55
	기름 강제 순환의 경우(OD)	저항법	60
기름	본체 탱크 안의 기름이 직접 외기와 접촉하는 경우	온도계법[1]	50
	본체 탱크 안의 기름이 직접 외기와 접촉하지 않는 경우[2]	온도계법[3]	55
철심 외의 다른 금속부분의 절연물에 근접한 표면		온도계법[4]	근접 절연물이 손상되지 않는 온도

비고 : 냉각탑 수냉식의 온도 상승 한도는 JEC-2200을 참조

(b) 가스변압기 및 건식변압기

변압기의 부분	온도 측정 방법	내열 클래스	온도 상승 한도[K]
권선	저항법	105 (A) 120 (E) 130 (B) 155 (F) 180 (H)	55 70 75 95 120
철심 표면	온도계법4)	–	근접 절연물이 손상되지 않는 온도

비고 : 1. 내열 클래스 200 이상의 경우 온도 상승 한도는 주문자와 제조자가 협의하여 정한다.
2. 가스 온도 상승에 대해서는 특별히 규정하지 않는다.

주 1) 기름 표면 근처에서 온도를 측정한다.
2) 개방형 콘서베이터가 있는 경우를 포함한다.
3) JEC-2200에서 제시하는 온도를 측정한다.
4) 탱크 안의 금속부분 온도는 특별히 측정하지 않아도 된다.

제 6 장 보호 방식

6.1 서 론

회전기에서는 회전자가 회전운동을 하므로 신체의 일부, 피부의 일부가 회전 부분에 접하여 신체의 손상을 입을 수 있고, 신체의 일부가 통전 부분에 접촉해 감전 사고를 내거나, 이물질이 이러한 부분에 접촉해 사고가 나는 일 등이 발생한다. 또한, 전기기기에서 가장 유해하다고 할 수 있는 물이 통전 부분에 침투해 전기적 사고가 발생하기도 한다. 이러한 사고를 방지하기 위해서 각종 보호 방식이 사용된다.

6.2 보호 방식에 의한 분류

회전기의 외피에 의한 보호 방식은 다음의 보호 방식 조합에 의해 분류된다.

(1) 인체 및 고형 이물에 대한 보호 방식
(2) 물의 침투에 대한 보호 방식

규격 JEC 2100에 따라서 표시기호로 나타내면 다음과 같이 된다. 표시기호는 문자기호 IP에 이어 2개의 숫자기호(제1숫자기호와 제2숫자기호)로 구성되며, 전자를 제1형식명, 후자를 제2형식명이라고 부른다.

6.2.1 **제1숫자기호**: 인체의 접촉 또는 접근 및 고형 이물의 침입에 대한 보호 방식

인체를 회전기 내의 회전부분이나 도전전부에 접하지 않게 보호하고, 회전기의 고형 이물의 침입에 대해서 보호하는 정도를 표 6.1에 나타내었다. 정의란에 각각 보호의 정도로 대해서 저지하는 고형 이물과 그 최소 치수를 나타내었다.

표 6.1 제1숫자기호에서 나타내는 보호의 정도

제1숫자기호	보호의 정도	
	개요[1]	정의
0	보호를 실시하지 않는 회전기	특별하게 보호를 실시하지 않는 구조
1[2]	50mm 초과의 고형 이물에 대하여 보호를 실시하는 회전기	손바닥과 같은 인체의 큰 표면이 외피 내부의 도전부분과 회전부분에 우연히 또는 부주의로 인해 접촉하지 않는 구조(단 고의로 접근한 것에 대해서는 보호의무 없음) 직경 50mm 초과의 고형 이물이 침입하지 않는 구조
2[2]	12mm 초과의 고형 이물에 대하여 보호를 실시하는 회전기	80mm 길이를 초과하지 않는 지시물이 외피 내부의 도전부분과 회전부분에 접촉하거나 접근하지 않는 구조 직경 12mm 초과의 고형 이물이 침입하지 않는 구조
3[2]	2.5mm 초과의 고형 이물에 대하여 보호를 실시하는 회전기	직경 2.5mm를 초과하는 도구 또는 와이어가 외피 내부의 도전부분과 회전 부분에 접촉하거나 접근하지 않는 구조, 직경 2.5mm의 고형 이물이 침입하지 않는 구조
4[2]	1mm 초과의 고형 이물에 대하여 보호를 실시하는 회전기	직경 1mm 초과하는 와이어 또는 작은 박편이 외피 내부의 도전부분과 회전부분에 접촉하거나 접근하지 않는 구조, 직경 1mm의 고형 이물이 침입하지 않는 구조
5[3]	먼지에 대하여 보호를 실시하는 회전기	외부로부터의 물체가 외피 내부의 도전부분과 회전부분에 접촉하거나 접근하지 않는 구조 먼지 또는 티끌의 침입을 대부분 저지하고 만약 침입이 된다고 하더라도 운전에 거의 지장이 없는 수준의 구조
6[3]	먼지에 대하여 고도의 보호를 실시하는 회전기	먼지의 침입을 저지하는 구조

주 1) 이 칸에 대한 설명은 보호 형식을 규정하기 위해 사용하는 것으로 적당하지 않다.
2) 고형 이물의 크기는 서로 직각인 3방향에서 정의 칸에 있는 수치를 초과하는 것.
3) 먼지의 재질, 크기 등을 알고 있는 경우, 시험조건은 제조자와 주문자가 협의하여 정한다.

6.2.2 제2숫자기호: 물의 침입에 대한 보호 방식

회전기 내부에 물이 침투하면 절연물에 변화를 일으키며, 안전한 운전을 방해하므로 그 보호의 정도를 표 6.2에 나타내었다. 또한, 정의란에 보호의 정도를 외피 구조에 따라 설명하였다.

표 6.2 제2숫자기호에서 나타내는 보호의 정도

제2숫자기호	보호의 정도	
	개요[1]	정의
0	보호를 실시하지 않는 회전기	물의 침입에 대해 특별한 보호를 실시하지 않는 구조
1	낙하하는 물방울에 대하여 보호를 실시하는 회전기	수직방향으로 낙하하는 물방울에 의해서 유해한 영향을 받지 않는 구조
2	수직에서 15° 이내로 낙하하는 물방울에 대하여 보호를 실시한 회전기	통상 설치 위치로부터 15°까지 기계를 자유롭게 기울인 경우, 수직 방향으로 낙하하는 물방울에 대해 유해한 영향을 받지 않는 구조
3	살수 상태의 물에 대하여 보호를 실시하는 회전기	수직으로 60° 이내의 각도에서 낙하하는 물에 의해서 유해한 영향을 받지 않는 구조
4	튀기는 물에 대하여 보호를 실시한 회전기	어떠한 방향으로부터 물보라에 대해서 유해한 영향을 받지 않는 구조
5	분사되는 물에 대하여 보호를 실시한 회전기	어떠한 방향으로부터 노즐에 의해 분수에 대해서 유해한 영향을 받지 않는 구조
6	강력하게 분사되는 물에 대하여 보호를 실시한 회전기	파도나 강력한 제트분수에 의해서도 유해한 영향을 받는 물이 기기 내부로 침입하지 않는 구조
7	침수에 대해 보호를 실시한 회전기	규정된 수압, 시간에서 수중에 담갔을 때 유해한 영향을 받는 물이 기기 내부로 침입하지 않는 구조
8	수중 사용에 대해 보호를 실시한 회전기	제조자가 규정한 조건의 수중에서 연속적으로 운전할 수 있는 구조[2]

주 1) 이 칸에 대한 설명은 보호 형식을 규정하기 위해 사용하는 것으로 적당하지 않다.
2) 통상 이것은 회전기가 밀봉되어 있다는 것을 의미하지만, 운전에 지장이 없을 정도의 물의 침입을 인정하는 경우도 있다.

6.2.3 특별한 보호 방식: 방폭형

메탄을 주로 하는 가연성 가스 또는 폭발성을 가지는 석탄갱에서 사용하는 전기기기는 만일 전기기기 내에서 폭발이 일어나도 탄갱석 그 자체가 폭발을 일으키지 않는 것이 필요하다. 이 목적을 위해서 사용하는 전기기기의 보호 방식이 방폭형이다. 그 중 주된 것은 다음과 같다.

1. 내압방폭형 기기의 용기가 폐쇄되어 있고 용기 내에서 가스 폭발이 일어나도 용기가 그 압력을 견디어 외부 가스에 의한 인화 우려가 없는 구조이다.

2. 협극방폭형 용기의 내외를 좁은 틈으로 연결하여 용기 내부에서 가스 폭발이 일어났을 경우에 좁은 틈으로부터 가스를 분출하게 하여 위험한 압력 상승을 막는 것과 동시에 외부의 폭발성 가스에 의한 인화 우려가 없는 구조이다.

3. 유입방폭형 불꽃, 아크 또는 점화원이 되는 고온을 발생할 우려가 있는 부분을 기름 안에 삽입해 기름표면 주변의 폭발성 가스에 의해 인화될 우려가 없게 한 구조로 변압기에 대해서만 적용된다.

4. 내압방폭형 용기 내부에 신선한 공기 또는 불연성 가스를 압입하는 것으로서 운전 개시 전에 용기 내부에 침입한 폭발성의 가스를 제거하는 것과 동시에 운전 중에 이러한 가스가 침투하는 것을 방지하는 구조이다.

5. 안전증가방폭형 상시 운전 중에 불꽃, 아크 또는 과열 등 일어나서는 안 되는 부분에 이것들이 발생하는 것을 방지하기 위하여 구조상 또는 온도 상승에 대해서 특히 안전도를 증가한 구조이다.

최근에 석탄갱 이외의 일반 공장에서는 공기 중에 폭발 또는 연소하는 데 충분한 양의 폭발성 가스가 공기와 혼합되어 폭발할 가능성이 있으므로, 여기서 사용하는 전기기기에도 방폭형을 사용하는 것이 필요하다. 그 형식은 석탄갱용의 것에 준하지만 2.의 협극방폭형은 제외하고 있다.

자세한 것은 JIS C 0901, JIS C 0903을 참조한다.

제 7 장 유도기전력

7.1 서 론

전자유도에 의해서 코일에 기전력을 유도하려면 자속과 코일의 **쇄교**의 변화 $d\phi$가 필요조건이다. 이 변화에는 두 종류가 있다. 그 하나는 코일이 정지하고 있을 때, 그 코일과 쇄교하는 자계가 시간적으로 변화하는 것에 의해서 발생하는 것$(\partial\phi/\partial t)\cdot dt$, 두 번째는 자계가 변화하지 않았을 때, 그 자계안에서 코일이 운동하는 것에 의해서 발생하는 것$(\partial\phi/\partial x)\cdot dx$이다. 전자에 의해서 유도되는 기전력은 **변압기 기전력** 또는 **정지 기전력**이라고 하며 변압기의 동작 원리이다. 후자에 의해서 발생하는 기전력을 **속도 기전력**이라 하고 회전 전기기기의 동작 원리이다. 단, 후자는 코일이 정지하고 자계가 운동하더라도 같은 결과를 얻을 수 있다. 정속도의 직선운동은 회전운동에 의해 얻을 수 있으므로, 코일에는 자계와 코일의 상대 회전운동에 의해 기전력이 유도된다. 이 기전력을 발생하는 코일을 **전기자 코일**이라 하고, 이 코일을 갖춘 부분을 **전기자**라고 한다. 직류기나 동기기에서 이 부분은 전부터 전기자라고 하고 있었지만, 유도기에서는 고정자 코일도 회전자 코일도 함께 회전 자계와의 상대 회전운동에 의해서 기전력이 유도되므로 이것들도 전기자 코일이라고 부르고 있다.

7.2 변압기 기전력

변압기 기전력은 코일이 정지하고 있고, 자계가 시간적으로 변화하였을 때 이 코일에 유도되는 기전력이며, 자계가

$$\phi = \Phi_m \sin\omega t \ [\mathrm{Wb}] \tag{7.1}$$

과 같이 정현파로 변화하면 이 코일에 유도되는 기전력 E는 식 (7.2)와 같다.

$$e_t = -\frac{d\phi}{dt} = -\omega\Phi_m \cos\omega t = \omega\Phi_m \sin\left(\omega t - \frac{\pi}{2}\right) \text{ [V]} \tag{7.2}$$

이 실효치 E는 식 (7.3)으로 나타내진다($\omega = 2\pi f$).

$$E = \frac{\omega\Phi_m}{\sqrt{2}} = \frac{2\pi f}{\sqrt{2}}\Phi_m = 4.44 f\Phi_m \text{ [V]} \tag{7.3}$$

지금 이 코일의 턴 수를 w로 하여 각 턴이 동일한 자속과 쇄교하면 이 코일의 기전력 E는

$$E = 4.44 f w\Phi_m \text{ [V]} \tag{7.4}$$

된다. 이것이 변압기 코일에 유도되는 기전력이다.

7.3 속도 기전력

공극에 있어서의 자속밀도의 수직 성분 B[T]의 분포가 그림 7.1과 같은 경우에 전기자 철심 길이 l[m]의 전기기계의 전기자 주변에 턴 수 w의 코일을 보면 이 코일의 코일변 a, b를 전기자 주변상 x_1과 x_2에 둔다고 생각한다.

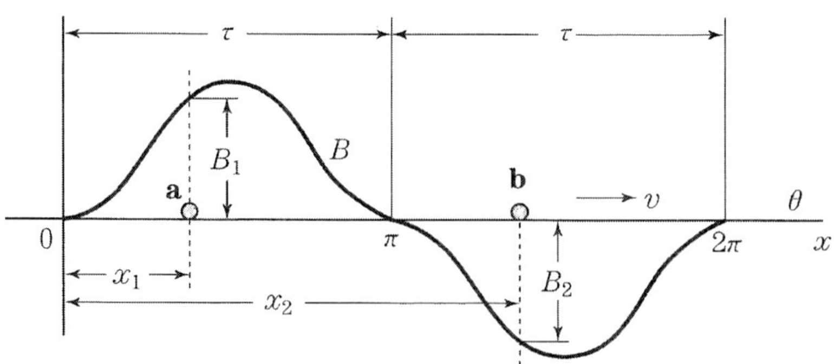

그림 7.1 유도기전력의 일반식의 설명

이 코일과 쇄교하는 자속은 식 (7.5)와 같다.

$$\psi = w l_i \int_{x_1}^{x_2} B_n dx \text{ [Wb]} \tag{7.5}$$

여기서, B_n: 코일변의 존재하는 위치의 자속밀도 [T], x: 주변에 원점까지 거리 [m], l: 철심 길이 [m], l_i: 가상 전기자 철심 길이

속도 기전력 e_s는

$$e_s = -\frac{\partial\psi}{\partial x} \cdot \frac{\mathrm{d}x}{\mathrm{d}t} \text{ [V]} \tag{7.6}$$

으로 나타내진다. $\mathrm{d}x/\mathrm{d}t$는 이동 속도이기 때문에 이것을 v[m/s]로 나타내면

$$e_s = -v\frac{\partial\psi}{\partial x} \text{ [V]} \tag{7.7}$$

된다. 속도 기전력만이 존재하는 경우에는 식 (7.5)로부터 다음과 같이 된다.

$$\begin{aligned} e_s &= -\frac{\mathrm{d}\psi}{\mathrm{d}t} = -wl_i\frac{\mathrm{d}}{\mathrm{d}t}\int_{x1}^{x2} B_n \mathrm{d}x \\ &= wl_i\left(B_{1n}\frac{\mathrm{d}x_1}{\mathrm{d}t} - B_{2n}\frac{\mathrm{d}x_2}{\mathrm{d}t}\right) \\ &= wvl_i(B_{1n} - B_{2n}) \text{ [V]} \end{aligned} \tag{7.8}$$

여기서, B_{2n}: x_2 위치의 자속밀도 [T], B_{1n}: x_1 위치의 자속밀도 [T]

이 식 (7.8)은 속도 기전력이 코일변에 존재하는 위치의 전기자 주변 자속밀도의 차이에 비례하는 것을 나타내고 있다.

코일의 폭이 자극 피치 τ[m]와 동일한 경우(전절권)에는 $x_2 = x_1 + \tau$ 이고 $B_{1n} = -B_{2n}$[T]이기 때문에 1개 코일의 유도기전력은

$$e_s = 2wl_ivB_{1n} \text{ [V]} \tag{7.9}$$

이며, 1개의 코일에는 자계의 분포와 완전히 같은 파형의 교류 기전력을 얻을 수 있다.

코일에 유도되는 기전력의 평균치 E_{ave}는

$$E_{ave} = 2wl_ivB_{ave} \text{ [V]} \tag{7.10}$$

로 나타낼 수 있다. 여기서, B_{ave}[T]는 1자극 피치 간의 평균 자속밀도 [T], v는 코일의 이동 속도로 식 (7.11)과 같다.

$$v = \pi D n \ [\mathrm{m/s}] \tag{7.11}$$

여기서, D: 전기자 직경 [m], n: 동기속도 [rps]

식 (7.11)을 식 (7.10)에 대입해

$$E_{ave} = 2wl_i B_{ave} \pi D n \tag{7.12}$$

를 얻는다.

1극의 자속은 극 수를 $2p$로 하는

$$\Phi = \frac{B_{ave} l_i \pi D}{2p} \ [\mathrm{Wb}] \tag{7.13}$$

이기 때문에 식 (7.14)를 얻을 수 있다.

$$E_{ave} = 2w \times 2p\Phi n = 4pw\Phi n \ [\mathrm{V}] \tag{7.14}$$

7.4 발전기의 교류 기전력

교류 기전력은 일반적으로 실효치로 나타내진다. 이 실효치는 시간에 대하여 Φ[Wb]의 파형률 k_R에 관계하여,

$$E = 4k_R f w \Phi \ [\mathrm{V}], \ f = pn \ [\mathrm{Hz}] \tag{7.15}$$

으로 나타내진다. 여기서,

$$k_R = \frac{E}{E_{ave}} \tag{7.16}$$

파형률은 정현파의 경우에는 1.11이며

$$E = 4.44 f w \Phi \ [\mathrm{V}] \tag{7.17}$$

된다.

여기서, Φ[Wb]는 1극의 자속이며, 다음과 같이 결정된다. 전기자 주변의 자속밀도 법선 성분은 그림 7.1에 나타낸 것처럼 2τ[rad](자극 대 피치)마다 파형을 반복하는 주기함수 $f(x)$로 둘 수 있기 때문에

$$f(0) = 0 \tag{7.18}$$

라면, 전기자 주변에 들어가는 1극의 자속은

$$\Phi = l_i \int_0^{\tau} f(x)dx \ [\mathrm{Wb}] \tag{7.19}$$

된다. 단, l_i는 가상 전기자 철심 길이[m]이다.

실제의 설계에 있어서는 그림 7.2와 같이 돌극기에서는 가상 극호 b[m], 가상 전기자 철심 길이 l_i[m]를 생각해 1극의 자속을

$$\Phi = B_g l_i b_i \ [\mathrm{Wb}] \tag{7.20}$$

로 하고, 또한 유도전동기는

$$\Phi = \overline{B}_g l_i \tau \ [\mathrm{Wb}] \tag{7.21}$$

로 한다. 다만, B_g[T]는 최대 자속밀도, $\overline{B}_g$는 평균 자속밀도[T]로, 정현파 분포 때는

$$\overline{B}_g = \frac{2}{\pi} B_g \ [\mathrm{T}] \tag{7.22}$$

이다.

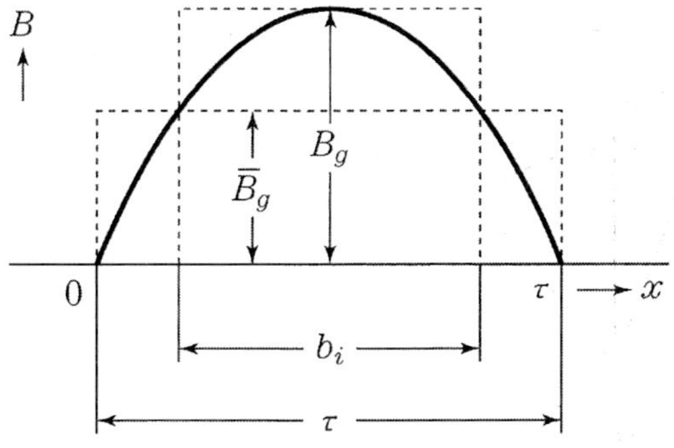

그림 7.2 B_g와 $\overline{B}_g$와의 관계

가상극호란 그림에 대해 0으로부터 τ까지의 갭의 자속밀도의 분포 곡선과 횡축이 둘러싸는 면적과 동일한 면적을 가져, 그 한 변이 B_g인 장방형외의 한 변의 길이 b_i를 말한다. 또, 가상 전기자 철심 길이도 같은 취지로 정한 철심 길이이다.

교류기의 1상의 유도기전력은 집중권의 경우에 식 (7.17)의 w에 1상에 직렬로 접속되어 있는 코일의 총 턴 수를 주면 좋지만 일반적으로 한층 더 분포 계수 및 단절 계수를 생각할 필요가 있다.

7.4.1 분포 계수

일반적으로는 동일한 폭 W의 n개 코일로 구성된 코일군에 대해서는 각 코일에 유도되는 기전력은 같은 크기이며 그 코일이 한 개씩 순서로 이웃의 슬롯에 들어가 있는 경우에는 서로 이웃이 되는 코일의 기전력 사이의 위상차 α는 식 (7.23)과 같다.

$$\alpha = \frac{2\pi}{N_s} p \, [\mathrm{rad}] \quad (\text{전기각}) \tag{7.23}$$

여기서, N_s: 전체 슬롯 수

이 코일군, 즉 1상의 합성 기전력 E[V]은 각각의 성분 기전력 E'[V](그림 7.3(a)의 e_1, e_2 등)

$$E' = 4.44 f w \Phi \, [\mathrm{V}] \tag{7.24}$$

의 벡터합과 동일하다. 따라서 그림으로부터

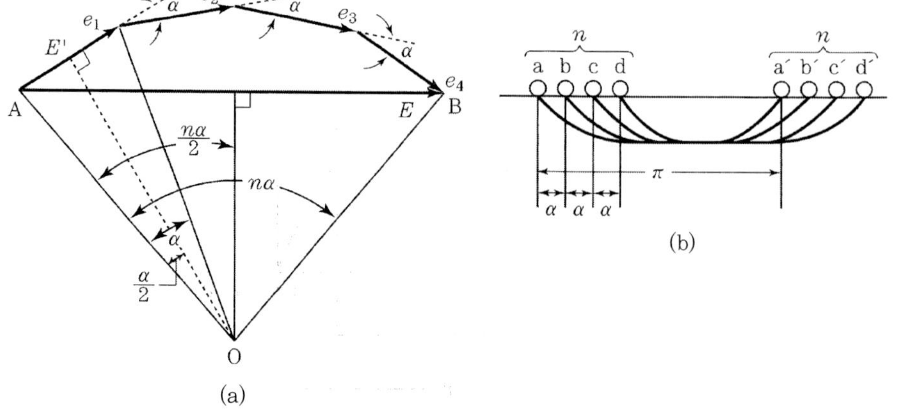

그림 7.3 분포권의 기전력

$$\text{빗변 } \overline{\text{OA}} = \frac{\frac{E}{2}}{\sin n\frac{\alpha}{2}} = \frac{\frac{E'}{2}}{\sin\frac{\alpha}{2}}$$

$$\therefore E = \frac{\sin n\frac{\alpha}{2}}{\sin\frac{\alpha}{2}} E' [\text{V}] \tag{7.25}$$

이 경우, 이 코일군의 분포 계수 k_d는 식 (7.26)으로 주어진다.

$$k_d = \frac{E}{nE'} = \frac{\sin\frac{n\alpha}{2}}{n \cdot \sin\frac{\alpha}{2}} \tag{7.26}$$

또한 제q고조파에 대한 분포 계수 k_{qd}는 서로 이웃이 되는 코일의 위상차를 q배한 식 (7.27)과 같이 된다.

$$k_{qd} = \frac{\sin q\frac{n\alpha}{2}}{n \cdot \sin\frac{q\alpha}{2}} \tag{7.27}$$

3상기로 상대각 $\pi/3$[rad]의 경우, α는 식 (7.28)과 같이 된다.

$$\alpha = \frac{\pi}{3 \times n} [\text{rad}] \tag{7.28}$$

여기서, n: 1상대의 슬롯 수

따라서 이 경우 분포 계수 k_d는 식 (7.29)와 같이 된다.

$$k_d = \frac{\sin\frac{n\alpha}{2}}{n\sin\frac{\alpha}{2}} = \frac{\sin\frac{\pi}{2\times 3}}{n\sin\frac{\pi}{2\times 3n}} \tag{7.29}$$

이러한 관계를 표 7.1에 나타내었다.

표 7.1 기본파 및 각 홀수차 고조파에 대한 분포 계수 k_d

	3상(상대각 60°)								
q \ N_{sp}	3	6	9	12	15	18	21	24	∞
1	1.00	+0.966	+0.960	+0.958	+0.957	+0.956	+0.956	+0.956	+0.955
3	1.00	+0.707	+0.667	+0.653	+0.647	+0.644	+0.642	+0.641	+0.637
5	1.00	+0.259	+0.218	+0.205	+0.200	+0.197	+0.196	+0.194	+0.191
7	1.00	−0.259	−0.177	−0.157	−0.149	−0.145	−0.143	−0.141	−0.136
9	1.00	−0.707	−0.333	−0.270	−0.248	−0.236	−0.229	−0.225	−0.212
11	1.00	−0.966	−0.177	−0.127	−0.102	−0.102	−0.097	−0.095	−0.087
13	1.00	−0.966	+0.218	+0.128	+0.102	+0.091	+0.086	+0.083	+0.073
15	1.00	−0.707	+0.667	+0.270	+0.200	+0.173	+0.159	+0.149	+0.127
17	1.00	−0.259	+0.960	+0.157	+0.102	+0.084	+0.075	+0.070	+0.056

주) N_{sp}는 극당 슬롯 수$=3n$, q는 고조파 차수

7.4.2 단절 계수

단절권의 경우, 양 코일 변의 유도기전력 사이에는 $\beta\pi(\beta < 1)$의 위상차가 있다. 그림 7.4(a)의 e_1과 e_2는 양 코일 변의 기전력으로, e_2의 정방향은 e_1의 정방향과 역방향을 나타낸다.

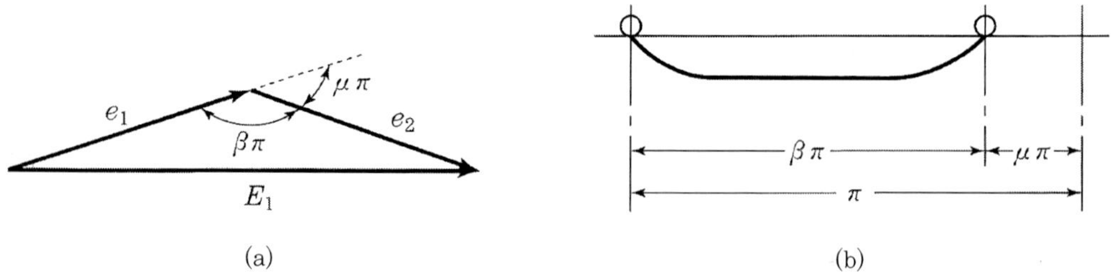

그림 7.4 단절권의 기전력

전절권에 비해 기전력은 $E_1/2e_1$배가 된다. 이 비 k_p를 단절 계수라 하고, 식 (7.30)처럼 표현한다.

$$k_p = \frac{E_1}{2e_1} = \sin\frac{\beta\pi}{2} \tag{7.30}$$

또, 제q조파에 대한 단절계수 k_{pq}는 식 (7.31)처럼 표현한다.

$$k_{pq} = \sin\frac{q\beta\pi}{2} \tag{7.31}$$

따라서 제q조파에 대해서 β를 적당하게 선정하면 그 고조파의 기전력을 제거할 수 있다.

각 차수 고조파에 대한 단절계수 k_{pq}를 그림 7.5에 나타냈다. 비교를 위해 $\beta = 1$ 때는 $k_{pq} = 1$로 한 변화를 나타내고 있다.

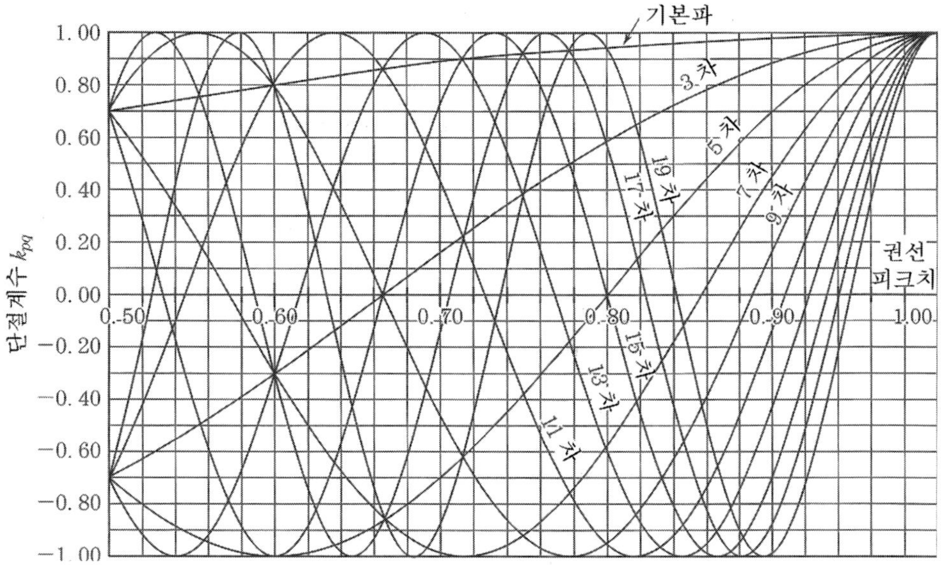

그림 7.5 각 차 고조파에 대한 단절 계수 k_{pq}

7.4.3 권선 계수

분포 계수 k_d와 단절 계수 k_p의 곱을 권선 계수$(k_w = k_d k_p)$라고 하여 정현파 교류기 1상의 유도기전력 실효치의 일반식은 식 (7.32)와 같이 나타낸다.

$$4.44 k_d k_p f w \Phi = 4.44 k_w f w \Phi \ [\mathrm{V}] \tag{7.32}$$

예를 들어, 제5조파를 제거하려면 식 (7.31)으로부터

$$\frac{5\beta\pi}{2} = n\pi \quad (n\text{은 양의 정수}) \tag{7.33}$$

의 조건을 만족하도록 β를 선정하면 좋다.

여기서, $n=l$이라고 하면,

$$\beta=\frac{2}{5}\times 1=0.4 \quad (n=2\text{라고 하면 } \beta=0.8) \tag{7.34}$$

β의 값은 1에 가까울수록 좋기 때문에 $\beta=0.8$ 정도로 두는 것이 좋다. 또한 제7조파를 제거하려면 $\beta=0.86$으로 두는 것이 좋다. 이와 같이 두 개의 고조파를 동시에 제거할 수 없기 때문에 제5조파와 제7조파를 종합적으로 줄이기 위하여 $\beta=5/6=0.833$으로 두는 경우가 많다. 이것보다 고차의 고조파는 매우 작기 때문에 별로 고려하지 않는다.

7.5 3상 권선의 기전력

3상 교류기의 전기자권선은 **Y-결선(성형결선)** 및 **Δ-결선(삼각결선)**으로 연결하는 것이 많다.

Y-결선에서 선간 기전력은 서로 이웃이 된 두 개의 상권선의 기전력의 벡터 차이와 동일하다. 제3조파에 이러한 기전력의 위상차는

$$\alpha=3\times\frac{2\pi}{3}=2\pi\ [\text{rad}] \tag{7.35}$$

이다. 따라서 제3조파의 전압은 서로 상쇄되어 선간 전압에는 나타나지 않는다. 또, 선간 전압은 상전압에 대해서

$$2\sin\frac{\pi}{3}=\sqrt{3} \tag{7.36}$$

$\sqrt{3}$ 배이다. 또, 그 위상은 상전압보다 $\pi/6$만큼 앞선다.

Δ-결선에서는 하나의 상권선의 양단이 항상 두 개의 단자가 되어 있다. 그러나 단자전압에는 그 기전력의 모든 고조파가 나타나는 것은 아니다. 직렬로 접속된 3개의 상권선의 기전력은 서로 식 (7.35)에서 나타나듯이 위상각만 어긋나 있기 때문에 제3조파에 대해서 이 위상차는 2π가 되어 제3조파 기전력은 모두 동상이 되므로 내부 순환 전류를 일으키고 그 이외의 고조파에 대해서는 개개의 기전력의 합은 항상 0이 된다.

내부 순환 전류를 일으키는 기전력은 코일 내부에서의 전압강하와 동일해져, 그 전압은 단자전압으로서 나타나지 않는다. 이것에 대해서 그 다른 기전력은 외부 단자전압으로서 나타난다.

결국 다상 교류 코일이 Δ-결선 또는 Y-결선 어디에서도 그 고조파 차수 γ가 상수 m의 배수라면 그 고조파는 단자전압에 나타나지 않는다.

7.6 직류 전기자권선의 기전력

직류기의 전기자권선에 유도되는 기전력은 전지로부터 얻을 수 있는 기전력과 같이 절대적으로 일정한 것이 아니고, 슬롯과 정류자가 있기 때문에 각각 슬롯 리플 및 정류자 리플을 포함한다. 그러나 이러한 리플은 작으므로 실제적인 문제가 되는 것은 적다. 만일 이것이 방해가 되는 경우에는 필터로 제거할 수 있다.

직류기의 전기자권선에 유도되는 기전력의 평균치 E는 식 (7.14)로부터 구할 수 있다.

$$E = 4pw\Phi n \,[\mathrm{V}]$$

여기서, p: 극쌍수, w: 양과 음의 브러시 간에 직렬로 연결된 코일의 턴 수, Φ: 1극의 자속 [Wb], n: 속도[s^{-1}]

직류기의 경우에는 전체 도체수를 Z로 하고 병렬회로 수를 $2a$라고 하면,

$$w = \frac{Z}{4a} \tag{7.37}$$

따라서 기전력 E는

$$E = Z\frac{p}{a}n\Phi \,[\mathrm{V}] \tag{7.38}$$

과 같이 된다.

제 8 장 권선

8.1 회전기의 권선

직류기 및 일반적인 동기기에는 주자속을 발생시키는 계자권선과 주자속과 상대 회전 운동에 의해서 유도기전력을 발생시켜 에너지 변환을 하는 전기자권선이 설치되어 있다. 유도기에는 계자권선은 없고 전기자권선을 흐르는 여자전류에 의해서 주자속을 발생해, 같은 전기자권선을 흐르는 부하 전류에 의하여 에너지변환을 한다. 유도기에서는 고정자 및 회전자에 각각 전기자 권선이 설치되어 교류 전원에 접속되는 쪽을 1차 권선이라 하고, 다른 한쪽을 2차 권선이라고 한다. 일반적으로 고정자측이 1차 권선이다.

직류기에서는 정류를 개선하기 위해서 보극 권선을 마련하는 것이 일반적이며, 정류를 한층 더 개선할 필요가 있는 경우에는 보상 권선을 사용한다. 동기기에서는 난조 방지나 기동을 위해서 제동 권선을 사용하는 것이 많다.

직류기에서는 정류자를 회전자에 설치하기 때문에 전기자권선을 회전자에 설치하지만, 동기기에서는 저전압의 계자권선을 회전자에 설치하고, 고전압의 전기자권선을 고정자에 설치한다. 이상의 권선의 종류 및 설치 부분을 정리하면 표 8.1과 같이 된다.

표 8.1 기종과 권선

기종	동기기	유도기	직류기
회전자	계자권선·제동 권선	전기자권선 (2차 권선)	전기자권선
고정자	전기자권선	전기자권선 (1차 권선)	주자계 권선 보극 권선·보상 권선

8.1.1 전기자권선의 개요

전기자권선을 구성하는 코일은 전기자 철심의 사이에 설치된 슬롯 안에 삽입할 수 있다. 하나의 슬롯에 하나의 코일변을 삽입할 수 있는 권선을 **단층권**이라고 하며, 하나의 슬롯의 상하 방향(깊이 방향)으로 두 개의 코일변을 삽입할 수 있는 권선을 **2층권**이라고 한다. 2층권은 동일 형상의 코일을 이용해 코일 단부가 입체적으로 무리 없이 배열할 수 있으므로 널리 이용되고 있다.

저압의 소형기에서는 반폐 슬롯을 채용하여 포르말 동선 등을 이용한 **난권코일**을 사용하기도 하지만, 일반적으로는 개방 슬롯을 채용하여 슬롯에 삽입하기 전에 완전하게 절연한 **형권코일**을 사용한다.

슬롯 내 코일의 절연의 예를 그림 8.1에 나타낸다. 절연 재료는 내열 등급(내열성)에 의해서 선택되어 전압 계급에 따라 필요한 내전압 특성을 얻을 수 있도록 절연 구성을 한다.

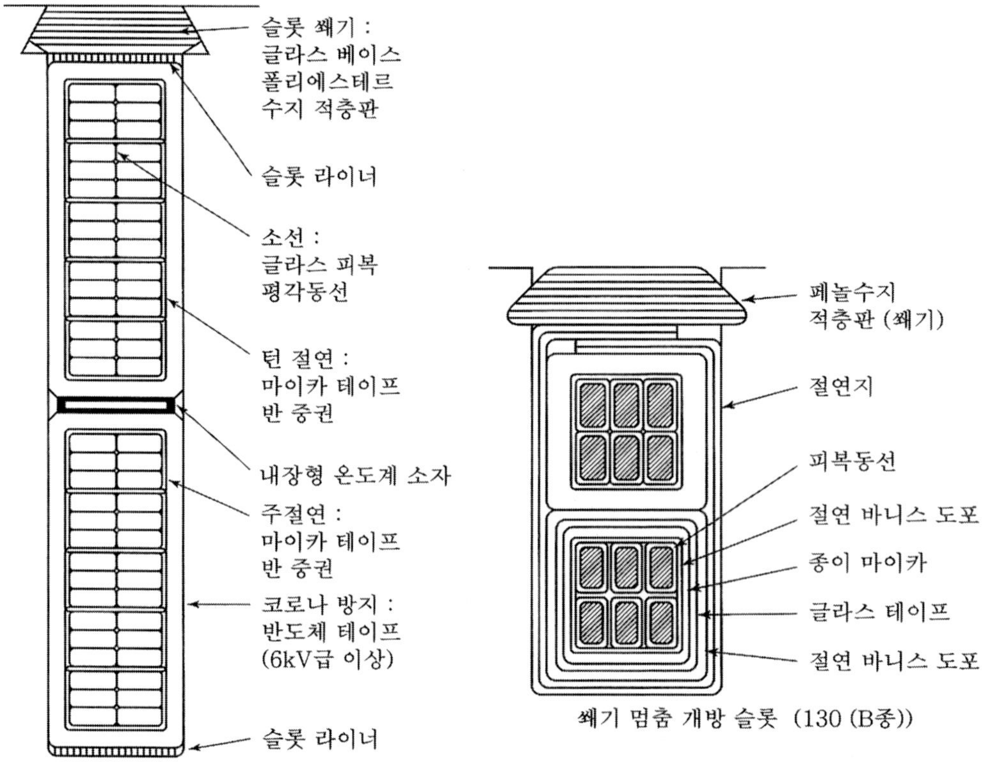

그림 8.1 전기자권선의 절연 예

여자된 회전기에서는 공극에 따라서 자계의 N극과 S극이 교대로 배열되고 있다. 이러한 자계 안에서 양코일 변의 유도기전력이 유효하게 서로 더해지기 위해서는 코일의 폭은 거의 1자극 피치(인접한 자극의 중심 간의 거리)에 동일한 것이 필요하다. 전기자 철심 표면을 이용하기 위해서 철심 표면에 다수의 코일을 배열하여 각 코일의 유도기전력이 더해지도록 상호 접속을 실시한다.

이러한 코일의 배열 및 접속 방법을 **전기자권선법**이라고 한다. 회전기 발달의 초창기에는 환상 철심에 동선을 감은 형태의 **환상권**이 이용되었지만, 곧 원통형 철심 표면에 코일을 배치하는 **고상권**으로 개량되어 현재에 이르고 있다.

고상권에는 원주방향에 조금씩 어긋난 위치의 코일을 순차적으로 접속하는 **중권**, 2자극 피치 어긋난 위치의 코일을 순차적으로 접속하는 **파권** 및 1극마다 코일을 동심적으로 배치하는 **쇄권**이 있다. 중권 및 파권은 직류기·교류기에 일반적으로 사용되며, 쇄권은 단층권에 속해 교류기에 드물게 사용된다.

8.1.2 직류기의 전기자권선법

극수를 $2p$, 양과 음 브러시 간의 내부 회로수를 $2a$로 하면, 단중중권에서는 $2a=2p$, 단중파권에서는 $2a=2$가 되어, 중권은 내부 회로수가 많기 때문에 주로 대용량기에 이용된다.

그림 8.2에 중권 및 파권의 기본 구성을 나타낸다. y_1은 뒤 피치로 반정류자측에서 접속되는 코일 변의 번호의 차이로 나타내지고, y_2는 앞 피치로 정류자측에서 접속되는 코일 변의 번호의 차이로 나타내진다. y는 합성 코일 피치로, 중권에서는 y_1-y_2, 파권에서는 y_1+y_2과 같다. u는 슬롯 내 1층당의 코일 변수를 나타낸다.

슬롯의 총수를 N_s, 정류자편의 총수를 k라 할 때, m 중 중권이 성립하기 위해서는 다음 조건을 만족해야 한다.

(1) $y_1=(k \pm b)/(2p)$

(2) $y=y_1-y_2=\pm m$

(3) $N_s/p=$ 정수

여기서, b: y_1을 정수로 하기 위한 임의의 수

또, m 중 파권이 성립하기 위한 조건은 다음과 같다.

(1) $y_1=(k \pm b)/(2p)$

(2) $y=y_1+y_2=(k \mp m)/p$

(3) $k/m=$정수

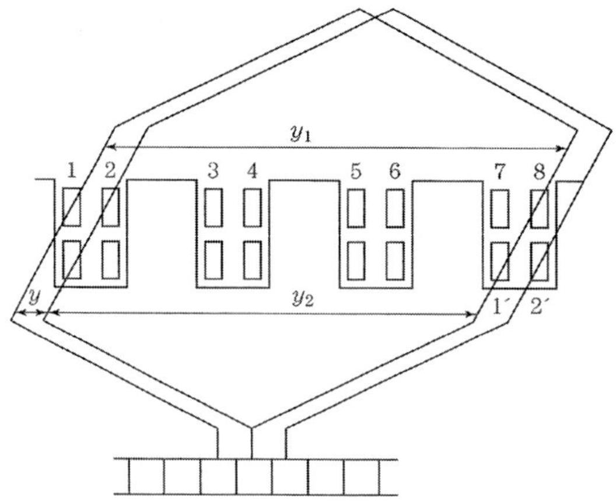

(a) 중권 ($u=2$, $y_1=6$, $y_2=5$, $y=1$)

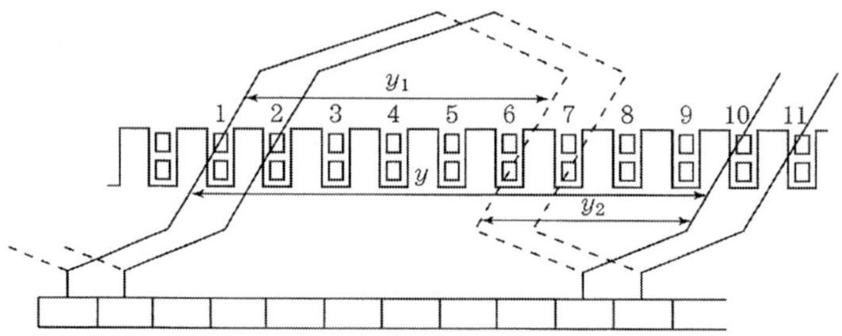

(b) 파권 ($u=1$, $y_1=5$, $y_2=4$, $y=9$)

그림 8.2 중권과 파권의 기본 구성

4극 이상의 중권에서는 스파크의 발생을 막기 위해 전기자권선의 2자극 피치 떨어진 점(본래 등전위이어야 할 점)을 동선으로 연결한다. 이 연결선을 **균압결선**이라고 한다. 이중 중권 및 다중 파권의 경우에도 균압결선이 필요하다.

8.1.3 교류기의 전기자권선법

교류기에는 단층, 2층의 것도 있지만 가장 중요한 것은 3상기이다. 현재 사용되고 있는 3상 권선의 대부분은 중권이다. 파권은 주로 코일의 턴 수가 1인 경우에 사용된다.

3상 2층권에서는 상대각(1극에서 1상의 코일이 차지하는 범위를 전기각으로 나타낸 것) 120° 의 권선도 가능하지만, 분포 계수의 점으로 유리한 상대각 60°의 권선이 일반적으로 사용된다. 상대각 60°의 3상권에서는 1극에서 U층, W층, V층의 순서에 코일을 배열해, W층 코일의 극성을 반대로 접속하는 것으로서 대칭 3상 전압을 얻는다.

3상 권선이 가능하기 위해서는 슬롯 총수 N_s가 3의 배수이면 좋다. 극수를 $2p$로 할 때, 1극 1상당 슬롯 수 $N_s/(3\times 2p)$가 정수인 경우를 **정수 슬롯권**, 그것이 분수인 경우를 **분수 슬롯권**이라고 하여 모두 널리 이용되고 있다.

중권 3상 권선의 예를 그림 8.3에 나타냈다.

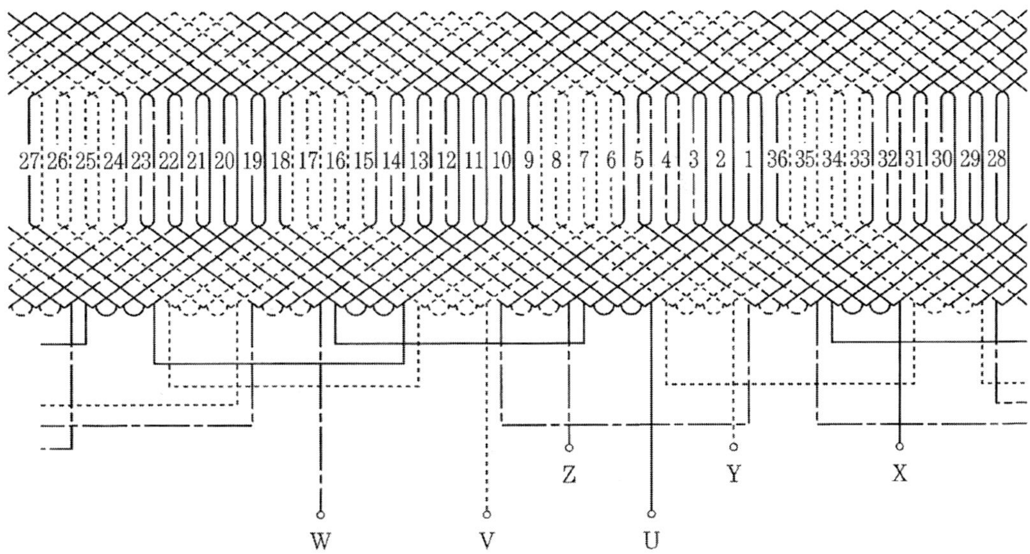

그림 8.3 중권 3상권선(4극 36슬롯, 8/9 단절권)

상관 접속의 경우에는, 동기기에서는 일반적으로 Y-결선이 사용되고, 유도기에서는 Y-결선 또는 Δ-결선이 사용된다.

8.1.4 유도기의 2차 권선

농형 유도기의 2차 권선은 환형, 장방형, 쐐기형 등의 단면의 동 또는 동합금의 막대 모양 도체(바)를 절연하지 않은 채 슬롯 내에 삽입해 그 양단을 단락환으로 연결한다. 소형기는 막대 모양 도체와 단락환을 알루미늄 다이캐스트로 구성한다. 권선형 유도기의 2차 권선은 각 슬롯에 절연된 도체봉을 2개씩 거두어 전절 파권으로 구성하는 것이 보통이지만, 고속기는 강도 관계로부터 코일단을 짧게 하기 위해 단절 중권으로 하는 것도 많다.

8.1.5 계자권선

계자권선을 감는 방법에는 집중권과 분포권이 있다. **집중권**은 직류기 및 돌극형 동기기에 이용된다. 소·중형기에서는 면권, 유리권 등의 환선이나 평각선을 전자석 코일과 같이 감아 절연하여 자극 철심에 단다. 그림 8.4는 대형기 계자권선의 예로, 나평각동선을 평타권 또는 납땜으로 구성하는 코일로 하고, 나동선의 층간 및 자극에 접하는 면은 절연 시트 또는 절연 적층판에 의해서 절연하고 있다.

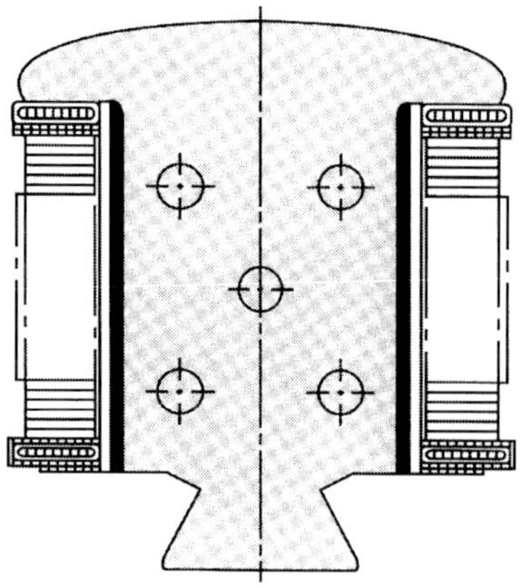

그림 8.4 돌극기의 계자권선

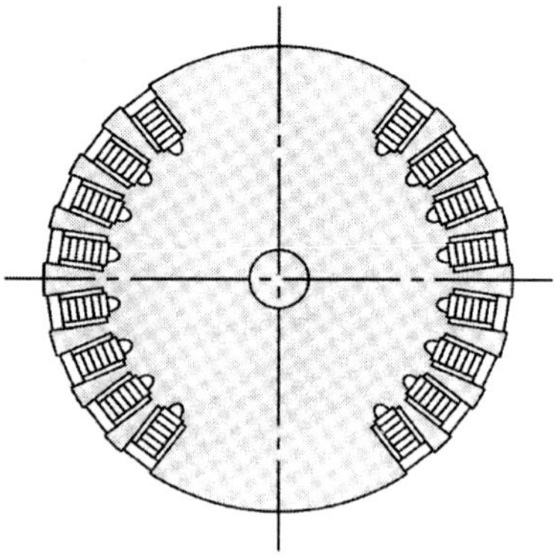

그림 8.5 원통기의 계자권선

분포권은 원통형 회전 계자에 이용된다. 터빈 발전기 경우의 예를 그림 8.5에 나타내었다. 나동선을 평타권 또는 은납땜 구성으로 하고, 동대층간 코일과 슬롯 사이를 절연시트 및 절연테이프로 절연한다. 슬롯 상부에 금속의 쐐기를 삽입해 원심력에 의한 코일의 움직임을 막는다.

8.2 변압기의 권선

변압기는 냉각과 절연의 목적으로 기름을 이용하는 유입 변압기와 SF_6 가스를 이용하는 가스 절연 변압기와 건식 변압기가 있다. 여기에서는 유입 변압기와 건식 변압기에 관해서 기술한다. 기름은 전열 특성과 내전압특성이 공기에 비해 매우 우수한 것부터 현재의 고전압 대용량의 변압기는 일부의 중요 지하 변전소의 가스 절연 변압기를 제외한 대부분이 **유입 변압기**이다. **건식 변압기**는 냉각과 절연상의 문제로부터 고전압 대용량기는 어렵지만, 수십 kVA~수천 kVA까지는 저가로 보수점검의 용이함으로부터 널리 사용되고 있다.

권선을 설계하는 데 있어서는 절연, 냉각, 기계강도, 임피던스 및 손실 등에 대해서 연구를 충분히 실시할 필요가 있다.

8.2.1 권선의 배치

변압기 권선의 배치(그림 8.6)는 주로 철심의 구조에 의해서 두 종류로 분류된다.

일반적으로 **내철형**은 철심의 외측에 1차, 2차 권선을 동심상에 배치한 동심 배치형이다. **외철형**은 철심다리 주위에 판 모양을 설치하고 싶은 부분에 분할된 1차, 2차 권선을 축방향으로 교대로 겹쳐 쌓아서 배치한 교호 배치형이다. 이 결과 누설자속, 따라서 누설 리액턴스를 줄일 수 있다.

8.2.2 권선의 구조

권선의 구조는 권선의 배치에 의해서 기본적인 차이가 있다. 동심 배치형의 권선에는 그림 8.7과 같은 원통 코일, 헬리컬 코일, 원판 코일이 사용된다.

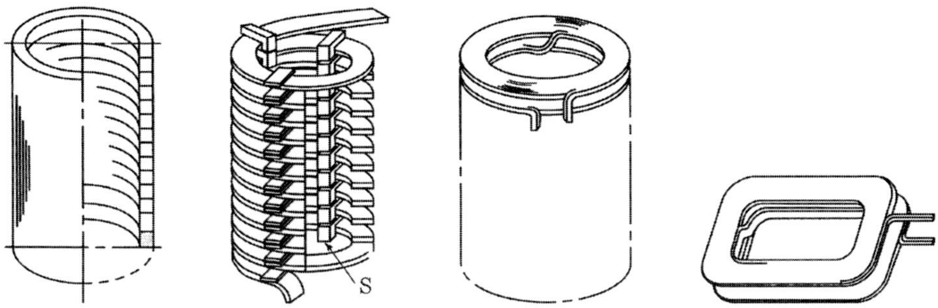

(a) 원통 코일 (b) 헬리컬 코일 (c) 원판 코일 (d) 방형 코일

그림 8.7 권선의 구조

원통 코일은 철심에 절연을 하고, 그 위에 저압 권선을 감는 방식으로 그 위에 절연을 하여 고압 권선을 감는 **직권**과 권선 모형 또는 절연통 위에 양권선을 감아 절연 처리를 하여 철심에 삽입하는 **형권**이 있다. 어느 경우에든 철심측에 저압 권선을 배치한다(그림 8.7(a)).

헬리컬 코일은 전류가 많을 때, 여러 개의 도체를 병렬로 하여 헬리컬 상에 감아올려 적당히 위치를 바꿔 도체 사이의 전류를 일정하게 하도록 절연물의 간격편을 끼워 냉각을 위한 기름 덕트 S를 형성하고 있다(그림 8.7(b)).

원판 코일은 평권에 감아 만들어진 원판형의 코일을 겹쳐 쌓은 권선이다. 원판형의 코일 2개를 안쪽에서 서로 접속한 것을 1조(쌍성 코일)로 해, 여러 세트를 조립한 권선이다(그림 8.7(c)).

교호 배치형의 권선에는 판 모양에 성형한 **방형 코일**이 주로 사용된다(그림 8.7(d)).

제 9 장 누설 리액턴스

9.1 서 론

전기기기의 권선은 여러 가지 권선으로 구성되어 있다. 그러한 권선에 전류가 흐르면 기자력이 생기고 이에 따라 자속이 발생한다. 이 자속은 대부분이 다른 주권선과 쇄교해 기기 본래의 작용을 하지만, 일부분은 자기 자신의 권선에만 쇄교하게 된다. 이 후자의 자속을 **누설 자속**이라고 하며, 자속이 시간적으로 변화하면 권선 내에 역기전력을 발생시킨다. 이 역기전력은 전류에 비례하고, 전류보다 위상이 90° 늦게 되므로, 그 비례계수를 **누설 리액턴스**라고 하며 이는 기기 특성에 큰 영향을 준다.

누설 리액턴스는 실용적인 측면에서도 곤란하지만, 설계 계산상에서도 많은 문제를 준다. 누설 자속의 경로가 매우 복잡하고, 또 코일 내의 전류 분포 상태가 한결같지 않으므로, 설계할 때에는 계산할 수 있도록 가정을 통해 실험적 정수를 가미해 사용하고 있다. 여기에서는 기본적인 개념을 설명한다.

9.2 리액턴스의 개념

인덕턴스 L[H]을 가지는 회로에 주파수 f[Hz]의 교류 전류가 흐르면, 리액턴스 $2\pi fL[\Omega]$으로써 작용한다. 따라서 인덕턴스를 이해해야 한다.

N턴의 코일에 I[A]의 전류를 흘리면 자속 Φ[Wb]가 생기고, 그 모든 것이 코일을 관통한다고 가정한다. 자기회로의 저항을 R[A/Wb]로 하면, 기자력 $F = NI$[A]와 자속 Φ[Wb]의 사이에 식 (9.1)의 관계가 있다.

$$\Phi = \frac{F}{R} = \frac{NI}{R} \tag{9.1}$$

따라서 코일의 쇄교자속 수 ψ는 식 (9.2)로 나타난다.

$$\psi = N\Phi = \frac{N^2 I}{R} \tag{9.2}$$

전류가 변화하면, 유도기전력 E[V]는 식 (9.3)과 같이 나타난다.

$$E = -\frac{\mathrm{d}\psi}{\mathrm{d}t} = -\frac{N^2}{R} \cdot \frac{\mathrm{d}I}{\mathrm{d}t} = -L\frac{\mathrm{d}I}{\mathrm{d}t} \tag{9.3}$$

여기서, $L = N^2/R = PN^2$($P = 1/R$: **퍼미언스**)

이 L은 회로의 정수로 **인덕턴스**라고 하며, 식 (9.2)에서와 같이 단위 전류를 흘렸을 때의 쇄교자속 수인 것을 알 수 있다.

위의 가정과 달리, 관통하는 자속 이외에 누설 자속이 있으면 이 누설 자속도 유도 작용을 일으켜 인덕턴스가 존재한다. 그 교류에 대한 작용이 누설 리액턴스이다.

누설 자속은 권선과 균일하게 쇄교하는 것이 없기 때문에 각 부분에 있어서의 인덕턴스는 다르지만, 간이 계산에서는 총 권선수로 쇄교하고 있는 상태에 옮겨 놓았을 때의 등가 인덕턴스를 구한다. 따라서 누설 인덕턴스는 자기회로의 등가적인 인덕턴스, 즉 등가적인 자기저항을 계산하는 것에 의해서 구할 수 있다.

9.3 회전기의 누설 리액턴스

회전기의 누설 자속에는 주로 다음과 같은 것을 생각할 수 있다.

(1) 슬롯 누설 리액턴스
(2) 치단 누설 리액턴스
(3) 코일단 누설 리액턴스

9.3.1 슬롯 누설 리액턴스

그림 9.1과 같이 슬롯에 있는 전기자권선에 전류가 흐르면 그림 9.2(a)와 같이 슬롯을 횡단하는 자속이 발생한다. 여기에 따른 리액턴스를 **슬롯 누설 리액턴스**라고 한다.

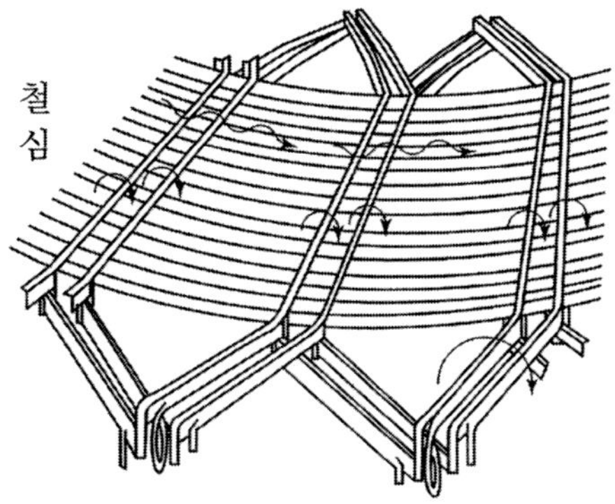

그림 9.1 슬롯에 거둔 전기자 코일

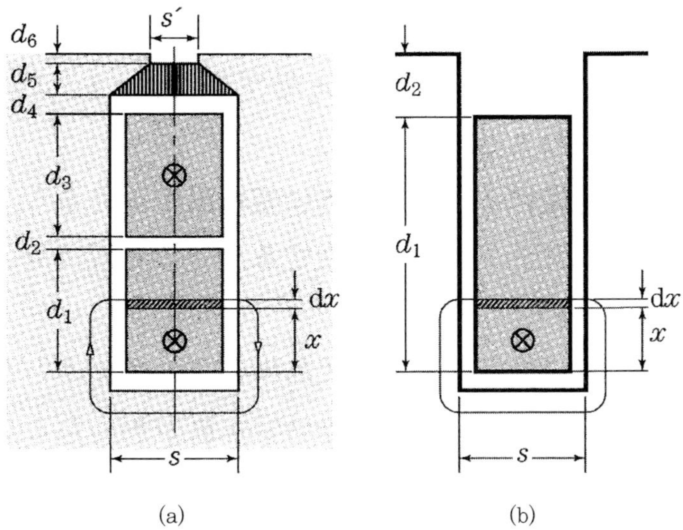

그림 9.2 누설 리액턴스의 설명

일반적으로 사용되는 권선은 2층 권선이지만, 간략화 하기 위해 상하층의 도체에 동일한 크기와 위상의 전류가 흐르고 있는 경우를 생각한다. 즉, 그림 9.2(b)와 같이 간략화한다.

철(치) 부분의 비투자율이 무한대이고 슬롯 내의 누설 자속은 치의 측면으로 수직으로 흐른다고 가정한다. 총 도체수 Z에 단위 전류 1A를 흘려, 도체 내의 전류는 도체의 단면에 균일하게 분포하고 있다고 한다. 슬롯 아랫부분으로부터 x[m]의 거리에 폭 dx, 길이(축방향)가 단위 길이 1m의 철심이고, 아랫부분으로부터 x까지의 도체수 Z_x는 $Z \cdot x/d_1$, 기자력 F_x는 전류가 1A이므로 $Z \cdot x/d_1$이다.

폭 dx의 자기저항 R_1은 슬롯폭을 s[m]라고 하면,

$$R_1 = \frac{s}{\mu_s \mu_0 \mathrm{d}x \times 1} \text{ [A/Wb]} \tag{9.4}$$

여기서, μ_s: 도체의 비투자율=1, μ_0: 진공 중의 투자율

따라서 dx 폭을 통과하는 자속 $d\phi_x$ 는

$$d\phi_x = \frac{F_x}{R_1} = \frac{Z_x}{\dfrac{s}{\mu_0 dx}} = \frac{x}{d_1} Z \cdot \frac{\mu_0}{s} dx \tag{9.5}$$

Z_x 와 $d\phi_x$ 와의 쇄교수 $d\psi_x$ 는

$$d\psi_x = Z_x \cdot d\phi_x = \mu_0 Z^2 x^2 \frac{dx}{d_1^2 s} \tag{9.6}$$

이것을 $x = 0$ 으로부터 $x = d_1$ 까지 적분하면 도체의 쇄교수 ψ_1 이 구해진다.

$$\psi_1 = \int_{x=0}^{x=d_1} d\psi_x = \mu_0 Z^2 \frac{d_1}{3s} \tag{9.7}$$

d_1 보다 상부의 d_2 부는 공기 중이므로 자기저항 R_2 는

$$R_2 = \frac{s}{\mu_0 dx \times 1} \tag{9.8}$$

기자력은 전류가 1A이므로 총 도체수의 Z[A], 따라서 dx 폭을 통과하는 자속 $d\phi_x$ 는

$$d\phi_x = \frac{Z}{R_2} = \mu_0 Z \cdot \frac{dx}{s} \tag{9.9}$$

Z와 $d\phi_x$ 와의 쇄교수 $d\psi_x$ 는

$$d\psi_x = Z \cdot d\phi_x = \mu_0 Z^2 \frac{dx}{s} \tag{9.10}$$

d_2 부분의 총 쇄교수 ψ_2 는

$$\psi_2 = \int_0^{d_2} d\psi_x = \mu_0 Z^2 \frac{d_2}{s} \tag{9.11}$$

전체 누설 자속 ψ_s는 d_1와 d_2를 더해서 구해진다.

$$\psi_s = \psi_1 + \psi_2 = \mu_0 Z^2\left(\frac{d_1}{3s} + \frac{d_2}{s}\right) \tag{9.12}$$

동상 전류의 도체가 q개의 슬롯에 분포되어 있을 때는 철(치) 부분은 서로 독립적으로 되어있기 때문에 자로의 자기저항은 q배가 된다. 따라서 자속은 $1/q$이 되고, 쇄교수 ψ_{sq}는 식 (9.13)이 된다.

$$\psi_{sq} = \frac{\psi_s}{q} = \mu_0 Z^2 \frac{1}{q}\left(\frac{d_1}{3s} + \frac{d_2}{s}\right) \tag{9.13}$$

즉, 인덕턴스 L_s는

$$L_s = \mu_0 \cdot Z^2 \frac{1}{q}\left(\frac{d_1}{3s} + \frac{d_2}{s}\right) \tag{9.14}$$

여기서, Z: 슬롯 내의 총 도체수를 나타낸다.

9.3.2 치단 누설 리액턴스

치단으로부터 이웃한 치단에 흐르는 누설 자속의 경로를 그림 9.3과 같이 직선과 원호로 가정한다.

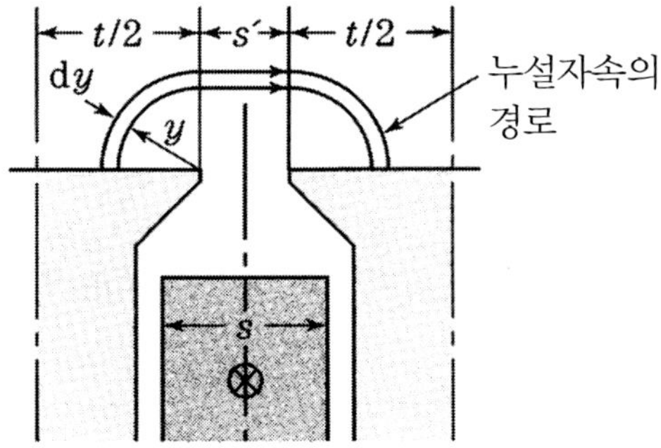

그림 9.3 치단 누설 리액턴스

자기저항 R_t는 식 (9.15)와 같다.

$$R_t = \frac{1}{\mu_s \mu_0 \int_0^t \frac{\mathrm{d}y}{\pi y + s'}} = \frac{\pi}{\mu_s \mu_0 \ln \frac{\pi t + s'}{s'}} \tag{9.15}$$

총 기자력은 Z[A]이기 때문에, 자속 ϕ[Wb]는 $\mu_s = 1$으로서

$$\phi = Z \frac{\mu_0 \ln \frac{\pi t + s'}{s'}}{\pi} \tag{9.16}$$

따라서 Z의 도체와의 쇄교수 ψ_t는

$$\psi_t = Z\phi = \mu_0 Z^2 \frac{\ln \frac{\pi t + s'}{s'}}{\pi} \tag{9.17}$$

즉, 인덕턴스 L_t는

$$L_t = \mu_0 Z^2 \frac{\ln \frac{\pi t + s'}{s'}}{\pi} \tag{9.18}$$

여기서, Z: 슬롯 내의 총 도체수를 나타낸다.

1상 1슬롯의 경우를 제시했지만, 1상 복수 슬롯의 경우는 복수 자로와 각각의 기자력을 생각하여 구하면 된다.

9.3.3 코일단 누설 리액턴스

코일 단부의 자기회로는 복잡하기 때문에 여기에서는 코일 단부의 형상을 그림 9.4(b)와 같은 형태의 원형(반경 d[m]) 도체라고 가정한다.

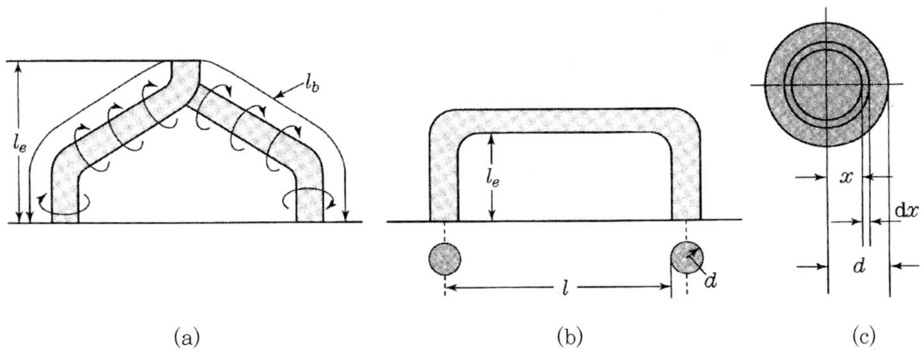

그림 9.4 코일 누설 리액턴스

우선, 그림 9.4(c)에 대하여 1A 흐르고 있을 때의 도체 내의 쇄교 자속수를 구한다. 도체의 반경 x[m] 내의 기자력 F[A]는 면적에 비례하기 때문에

$$F = Z\frac{x^2}{d^2} \tag{9.19}$$

$\mathrm{d}x$폭 부분의 자기저항 R[H^{-1}]은

$$R = \frac{2\pi x}{\mu_0(\mathrm{d}x \times 1)} = \frac{2\pi x}{\mu_0 \mathrm{d}x} \tag{9.20}$$

따라서 발생하는 자속 $\mathrm{d}\phi$[Wb]는

$$\mathrm{d}\phi = F \cdot \frac{1}{R} = Z\frac{x^2}{d^2} \cdot \frac{\mu_0 \mathrm{d}x}{2\pi x} \tag{9.21}$$

이것이 $Z(x^2/d^2)$의 도체와 쇄교하기 때문에 쇄교자속 $\mathrm{d}\psi_x$[Wb]는

$$\mathrm{d}\psi_x = Z^2\frac{x^2}{d^2}\left(\frac{x^2}{d^2} \cdot \frac{\mu_0 \mathrm{d}x}{2\pi x}\right) = \frac{\mu_0 Z^2 x^3}{2\pi d^4}\mathrm{d}x \tag{9.22}$$

총 쇄교자속 ψ_0[Wb]는 다음 식이 된다.

$$\psi_0 = \int_0^r \mathrm{d}\psi_n = \frac{Z^2\mu_0}{2\pi d^4}\int_0^d x^3 \mathrm{d}x = \frac{\mu_0}{8\pi}Z^2 \tag{9.23}$$

다음에 도체 외부의 쇄교자속수를 구한다.

도체 외부에서 발생하는 자속은 도체 전부와 쇄교하므로 축방면의 옆을 쇄교하는 자속은 d부터 l까지 적분하면

$$d\psi = Z^2 \frac{\mu_0 dx}{2\pi x} \tag{9.24}$$

을 적분해서

$$\psi_l = \frac{Z^2 \mu_0}{2\pi} \int_d^l \frac{dx}{x} = \frac{Z^2 \mu_0}{2\pi} \ln \frac{l}{d} \tag{9.25}$$

또, 원주 방향의 옆과 쇄교하는 자속은 d로부터 l_e까지 적분하면

$$\psi_{le} = \frac{Z^2 \mu_0}{2\pi} \ln \frac{l_e}{d} \tag{9.26}$$

따라서 축방향의 한쪽 편의 전체 쇄교자속수는 식 (9.23), (9.25), (9.26)에 각각의 길이를 곱해서 더하면

$$\begin{aligned} \psi_e &= (\psi_0 + \psi_l) 2 l_e + (\psi_0 + \psi_{le}) l \\ &= \frac{\mu_0 Z^2}{2\pi} \left\{ \left(\frac{1}{2} + 2\ln \frac{l}{d} \right) l_e + \left(\frac{1}{4} + \ln \frac{l_e}{d} \right) l \right\} \end{aligned} \tag{9.27}$$

그러므로 유도 계수 L_e는

$$L_e = \frac{\mu_0 Z^2}{2\pi} \left\{ \left(\frac{1}{2} + 2\ln \frac{l}{d} \right) l_e + \left(\frac{1}{4} + \ln \frac{l_e}{d} \right) l \right\} \tag{9.28}$$

여기서, Z는 코일단의 총 도체수이며, 1슬롯에 2층의 코일이 들어가는 경우는 슬롯 내의 총 도체수의 1/2이 된다(즉, 코일의 권선수가 된다).

실제로는 인접 도체 사이에 복잡한 상호유도 작용이 있고, 또한 코일 단부 형상의 원형 가정도 근사를 위한 것임에 유의한다.

9.3.4 유도기의 누설 리액턴스

치단 누설 리액턴스는 동기기와 같이 공극이 넓을 때 계산의 예이지만 유도기와 같이 공극이 좁은 기계에서는 그림 9.5와 같이 1차 측과 2차 측의 치단 사이를 지그재그로 꿰뚫고 통과하는 누설 자속(지그재그 누설 자속)을 생각할 수 있다. 그 비례 계수를 지그재그 누설 리액턴스라고 부르며 그림 9.5(b)와 같이 나타낼 수 있고, 2차의 기자력을 1차로 환산해 계산할 수 있다.

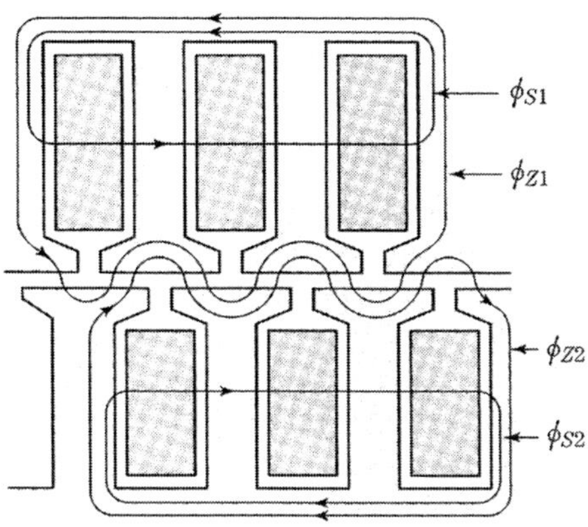

(a) 다상 유도 전압기의 지그재그 누설 자속

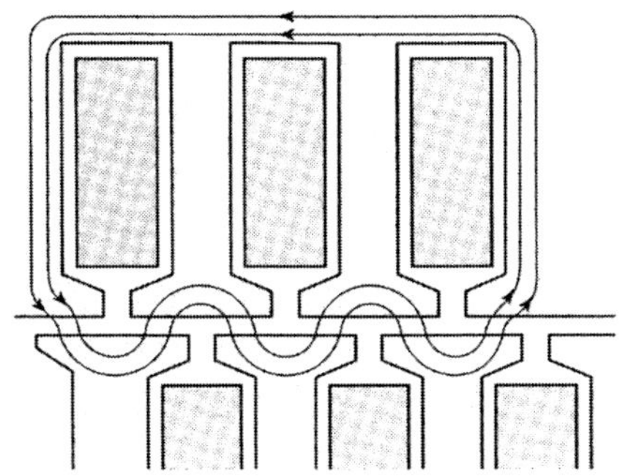

(b) 지그재그 누설 자속(1차 환산)

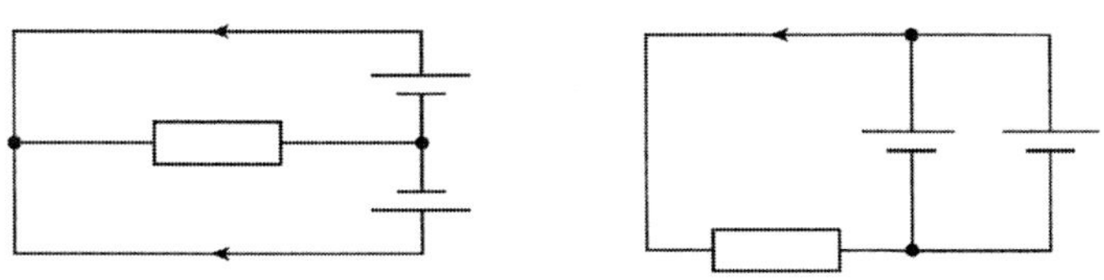

(c) 지그재그 누설 자속의 등가자기회로

그림 9.5 유도기의 누설 자속

또, 다상 유도기에 대해 1차 코일과 2차 코일의 상대가 대립되는 위치에 있을 때 상대에 전류가 흘러도 1차 및 2차의 기자력은 서로 상쇄되어 거의 유도가 되지 않는다. 그러나 회전자는 회전하고 있기 때문에 상대가 마주보지 않는 상태가 항상 일어나 부분적으로 상쇄되지 않은 기자력이 생겨 일종의 누설 자속이 생긴다.

여기에 따른 리액턴스를 상대 누설 리액턴스라고 한다.

9.4 변압기의 누설 리액턴스

변압기의 자속 중 1차 코일 또는 2차 코일자신 하고만 쇄교하는 자속이 누설 자속이다. 회전기의 누설 리액턴스와 같이 누설 자속과 코일과의 쇄교수로부터 리액턴스를 구할 수 있지만, 그림 9.6과 같이 복잡한 자로는 자기회로에서 저장할 수 있는 자기에너지를 이용하여 계산한다.

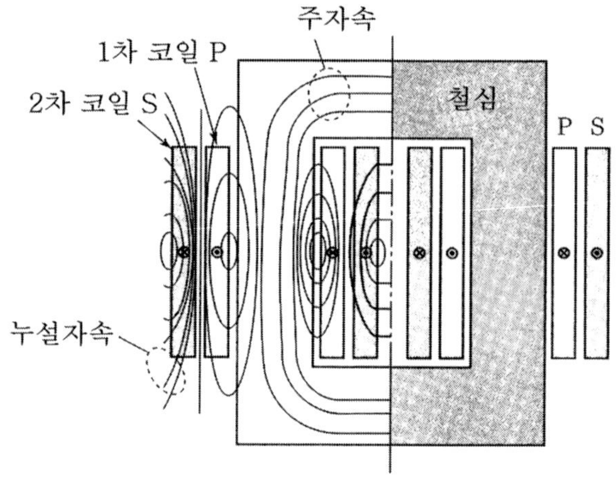

그림 9.6 내철형 변압기의 자로

누설 자속에 의해서 자기회로에서 저장할 수 있는 자기에너지 $1\,W$[J]는 여자전류를 무시하고 $w_1 i_1 = -\,w_2 i_2$로 하면

$$W = \frac{1}{2}\left(L_{l1} i_1^2 + L_{l2} i_2^2\right) = \frac{1}{2}\left\{L_{l1} + \left(\frac{w_1}{w_2}\right)^2 L_{l2}\right\} i_1^2 = \frac{1}{2} L_1 i_1^2 \ [\mathrm{J}]$$

여기서, L_{l1}, L_{l2}: 1차, 2차 누설 유도계수[H], i_1, i_2: 1차, 2차 전류[A], w_1, w_2: 1차, 2차 코일의 권선수

1차에 환산된 누설 유도계수 L_1[H]는 다음과 같이 나타낼 수 있다.

$$L_1 = L_{l1} + \left(\frac{w_1}{w_2}\right)^2 L_{l2} = \frac{2\,W}{l_1^2} \ [\mathrm{H}] \tag{9.29}$$

누설 자속이 존재하는 전 공간에 영향을 미치고, 자계의 힘 H[A/m]를 알면

$$W=\frac{\mu_s\mu_0}{2}\int H^2\cdot \mathrm{d}s \tag{9.30}$$

에 의해서 W가 구해지고 식 (9.29)를 이용하여 누설 유도계수 L_1가 구해진다. 덧붙여 코일은 동심 배치와 교차 배치가 있지만 구하는 방법은 같다.

9.4.1 동심 배치의 경우

그림 9.7(a)와 같이 복잡한 누설 자속을 그림 9.7(b)와 같이 코일의 내부 및 코일 사이를 병행하여 균일하게 지나고 있다고 가정하여 코일 외부의 자기저항을 무시한다.

P는 1차 코일, S는 2차 코일, 코일의 축방향 높이 h[m], 폭을 각각 d_1[m], d_2[m] 코일 사이를 δ[m]로 한다.

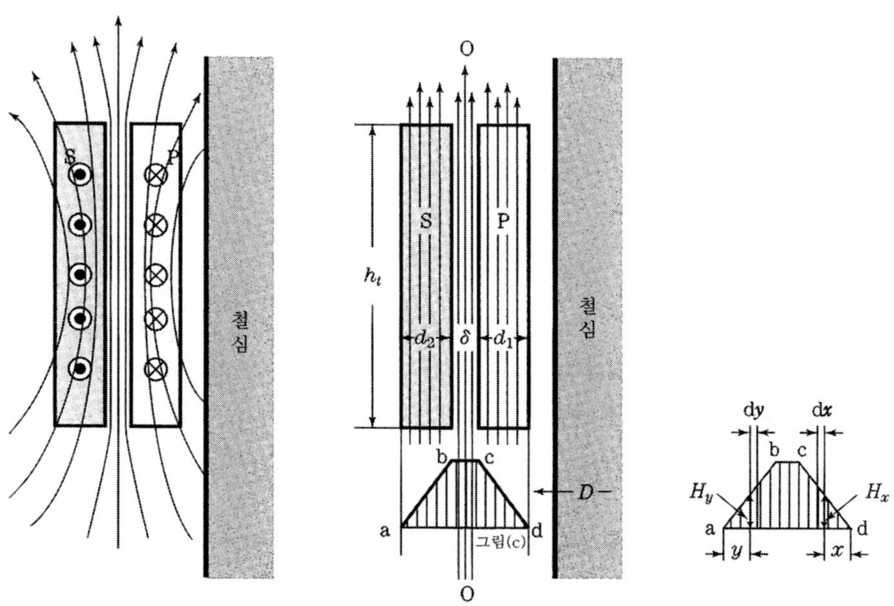

(a) 동심배치의 누설 자속 (b) 누설 자속의 분포 (c) 자계의 힘의 분포

그림 9.7 동심 배치의 경우의 누설 자속

자계의 힘 H의 분포는, 폭방향에 따라서 그림 9.7(c)와 같다. 코일 사이에 있어서의 H는

$$H=\frac{wi}{h}\ [\mathrm{A/m}],\ \ wi=w_1i_1=-w_2i_2 \tag{9.31}$$

코일 사이 좌우로는 자계의 힘이 직선적으로 변화해,

$$H_x = \frac{w}{d_1} \cdot \frac{i}{h}x, \quad H_y = \frac{w}{d_2} \cdot \frac{i}{h}y \tag{9.32}$$

x, y는 그림 9.7(c)에 나타낸 거리로 x는 왼쪽 방향에, y는 오른쪽 방향에 둘러싼다. 코일의 한다발의 평균 길이를 m[m]라고 하고, H에 대응하는 누설 자속의 자기회로의 체적은 $hm\delta$, H_x에 대한 폭 dx의 체적은 $hmdx$, H_y에 대한 폭 dy의 체적은 $hmdy$가 된다. 에너지 W는 식 (9.30)에서,

$$\begin{aligned} W &= \frac{\mu_s\mu_0}{2}\left(H^2hm\delta + \int_0^{d_1} H_x^2 hm\mathrm{d}x + \int_0^{d_2} H_y^2 hm\mathrm{d}y\right) \\ &= \frac{\mu_s\mu_0}{2}\left\{\left(\frac{wi}{h}\right)^2 hm\delta + \int_0^{d_1}\left(\frac{wi}{d_1h}\right)^2 hm\mathrm{d}x + \int_0^{d_2}\left(\frac{wi}{d_2h}\right)^2 hm\mathrm{d}y\right\} \\ &= \frac{\mu_s\mu_0}{2} \cdot \frac{(wi)^2}{h} m\left(\delta + \frac{1}{d_1^2}\int_0^{d_1} x^2\mathrm{d}x + \frac{1}{d_2^2}\int_0^{d_2} y^2\mathrm{d}y\right) \\ &= \frac{\mu_s\mu_0}{2} \cdot \frac{(wi)^2}{h} m\left(\delta + \frac{d_1+d_2}{3}\right) \end{aligned} \tag{9.33}$$

따라서 식 (9.29)에서

$$L_1 = \mu_s\mu_0\frac{w^2}{h}m\left(\delta + \frac{d_1+d_2}{3}\right) \tag{9.34}$$

이 계산에서는 누설 자속은 일정하게 분포하고 있다고 가정하고 있지만, 실제의 경우 wi의 기자력은 코일 인접길이 h보다 긴 h/k을 만족한다. 이 k는 로고스키(Rogowski)의 보정 계수로 불리고 다음 식으로 나타낼 수 있다.

$$k = 1 - \frac{1}{\pi} \cdot \frac{\delta + d_1 + d_2}{h} \tag{9.35}$$

누설 자속은 공기층을 지나므로 $\mu_s = 1$로 하고, $\mu_0 = 4\pi \times 10^{-7}$이며, $2\pi f$를 대입하면 누설 리액턴스는 다음 식으로 나타낼 수 있다.

$$X_L = 2\pi f L_1 k = 7.9 \times \frac{fmw^2}{h}k\left(\delta + \frac{d_1+d_2}{3}\right) \times 10^{-6}\ [\Omega] \tag{9.36}$$

9.4.2 교대 배치의 경우

그림 9.8은 그림 9.7을 옆으로 하여 P, S 코일을 교대로 구성하고 있다.

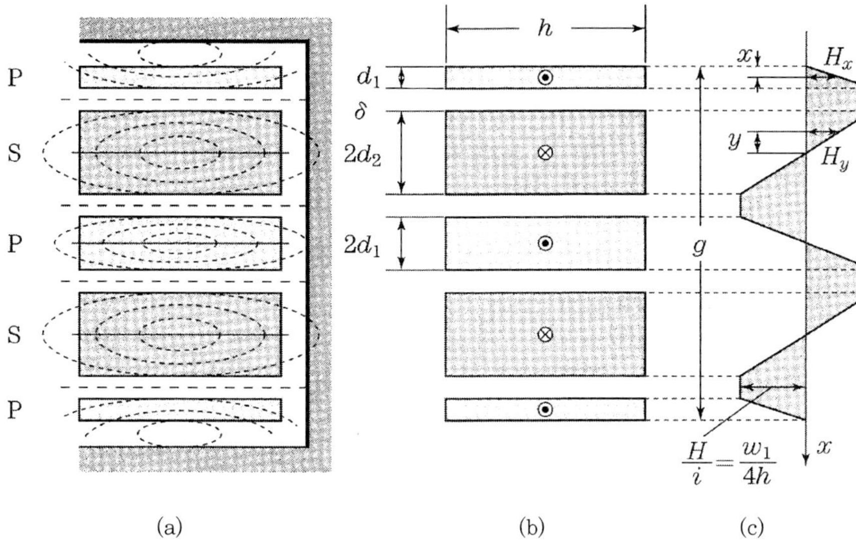

그림 9.8 교호 배치의 경우의 누설 자속

4쌍 대칭인 코일의 편성이라고 생각할 수 있다. 따라서 q쌍의 편성을 생각할 때, 전체 턴 수를 w, 전류를 i로 하면 식 (9.31)의 자계의 힘이 wi/q, 따라서 1쌍의 에너지가 $1/q^2$가 된다. 이것이 q개 있으므로 결국 에너지는 l/q가 된다. 즉,

$$X_L = 7.9 \times \frac{fmw^2}{qh} \times k\left(\delta + \frac{d_1 + d_2}{3}\right) \times 10^{-6}\ [\Omega] \tag{9.37}$$

된다.

제10장 자기회로

10.1 서 론

전기기기의 모든 특성의 기초가 되는 것은 그 기기의 무부하포화곡선이다. 무부하포화곡선이란, 무부하 정격 속도의 경우 전기자 단자에 일정한 전압을 공급하는 데 필요한 계자전류와 전기자 전압의 관계를 나타낸 곡선이다. 이 관계는 전기자 자속과 계자기자력의 관계와 같고, **자화 특성곡선**으로도 불린다. 이때 필요한 기자력을 자기회로(**자로**라고 한다)를 통해 계산한다.

10.1.1 자기회로의 옴의 법칙

그림 10.1과 같이 균일한 단면적 $S[\mathrm{m}^2]$의 토로이드에, 일정하게 N회 감긴 코일에 전류 $I[\mathrm{A}]$를 흘렸을 때, 기자력 $F[A]$는 자로에 발생한 자속을 $\Phi[\mathrm{Wb}]$, 자기저항을 $R[\mathrm{A/Wb}]$로 하면

$$F = R\Phi \tag{10.1}$$

와 같은 전기회로에 관한 옴의 법칙과 같은 관계식이 나타난다.

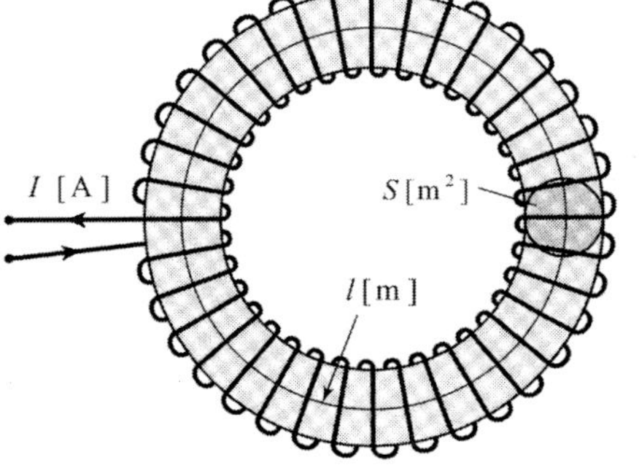

그림 10.1 자로

자로의 길이를 l[m], 자로의 단면적을 S[m^2], 철심의 비투자율을 μ_s, 진공 또는 공기의 투자율을 $\mu_0 = 4\pi \times 10^{-7}$[H/m]로 하면

$$R = \frac{1}{\mu_0 \mu_s} \cdot \frac{l}{S}, \quad F = NI \tag{10.2}$$

이기 때문에 식 (10.1)에서,

$$NI = \frac{1}{\mu_0 \mu_s} \cdot \frac{l}{S} \Phi \tag{10.3}$$

μ_s는 자속밀도 혹은 자화력에 의해서 바뀌고, 포화 현상이 있으므로 기자력을 간단하게는 구할 수 없다. Φ/S는 자속밀도 B[Wb/m^2]이기 때문에

$$NI = l \cdot \frac{B}{\mu_0 \mu_s} \tag{10.4}$$

철의 자화곡선을 그림 10.2와 같이 단위 길이 1m당 기자력 $F = NI$에 대해 바꾸면, 이 곡선은 $B/\mu_0\mu_s$의 계산 대신 자속밀도 B를 통해 자화력 at를 구할 수 있다.

$$F = NI = l \times at \tag{10.5}$$

즉, 자로에 통과하는 자속과 구조로부터 자속밀도를 계산할 수 있으면, 그 자속을 통하는 기자력 F를 철심의 자화곡선으로부터 구할 수 있다.

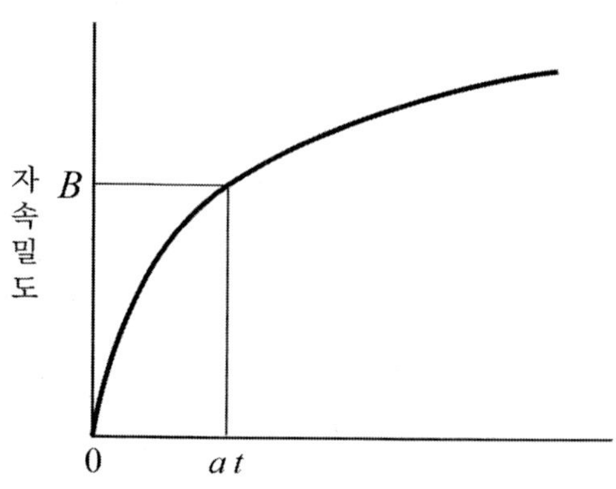

그림 10.2 자속밀도와 자화력의 관계

10.1.2 직렬 자기회로

그림 10.3(a)와 같이 여러 종류의 철심 및 공극으로 이루어진 자로에, 자속 Φ를 통하는 데 필요한 기자력을 구해 보자.

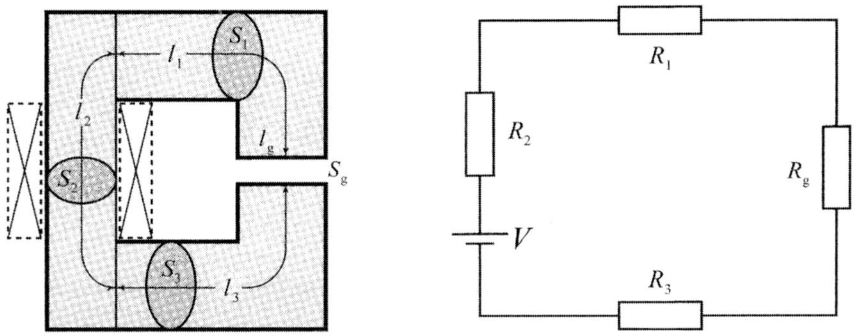

(a) 직렬 자기회로 (b) 직렬 전기회로

그림 10.3 직렬 자기회로와 전기회로

이 자로는 그림 10.3(b)와 같이 4종류의 전기저항 R이 직렬로 연결되어 있는 전기회로와 같이 생각할 수 있다. 이 전기회로의 전류 I는 각 R을 알면

$$I = \frac{V}{R_1 + R_2 + R_g + R_3} \quad \text{또는} \quad V = (R_1 + R_2 + R_g + R_3)I \tag{10.6}$$

의 관계로부터 구할 수 있다. 즉, 자기회로에 옮겨놓으면

$$NI = \Phi\left(\frac{l_g}{\mu_0 S_g} + \frac{l_1}{\mu_0\mu_1 S_1} + \frac{l_2}{\mu_0\mu_2 S_2} + \frac{l_3}{\mu_0\mu_3 S_3}\right) \tag{10.7}$$

여기서, μ_1, μ_2, μ_3: 각 부의 비투자율

Φ/S_g 등은 각 부의 자속밀도이기 때문에, 식 (10.7)은

$$NI = l_g\frac{B_g}{\mu_0} + l_1\frac{B_1}{\mu_0\mu_1} + l_2\frac{B_2}{\mu_0\mu_2} + l_3\frac{B_3}{\mu_0\mu_3} \tag{10.8}$$

되어, 공극의 μ_0가 상수이기 때문에

$$\frac{B_g}{\mu_0} = \frac{B_g}{4\pi \times 10^{-7}} = 8 \times 10^5 B_g = at_g \tag{10.9}$$

각 부의 자화곡선을 이용해 각 부의 자화력

$$\frac{B_1}{\mu_0\mu_1} = at_1, \quad \frac{B_2}{\mu_0\mu_2} = at_2, \quad \frac{B_3}{\mu_0\mu_3} = at_3 \tag{10.10}$$

을 구할 수 있다. 따라서

$$NI = l_g at_g + l_1 at_1 + l_2 at_2 + l_3 at_3 \tag{10.11}$$

되어, 총 합으로부터 Φ를 통하는 데 필요한 기자력을 구할 수 있다. 그러나 실제에서는 누설 자속이 있으므로, 다음에서 보여 줄 병렬 자기회로를 생각할 수 있다.

10.1.3 병렬 자기회로

한 예로서 돌극 동기기를 생각하면 그 자속은 그림 10.4(a)와 같다고 할 수 있으며 이와 등가인 병렬 전기회로는 그림 10.4(b)와 같이 나타낼 수 있다. 즉, 계자권선에 의한 기자력으로 만들어진 자속은 모두 전기자를 통과하지 않고(A의 회로), 근접하고 있는 자극에 누설 자속(B의 회로)이 존재한다.

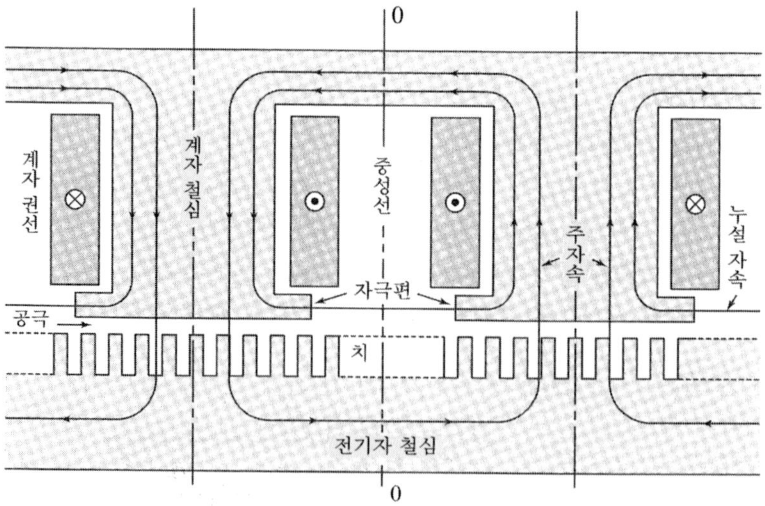

(a) 병렬 자기회로

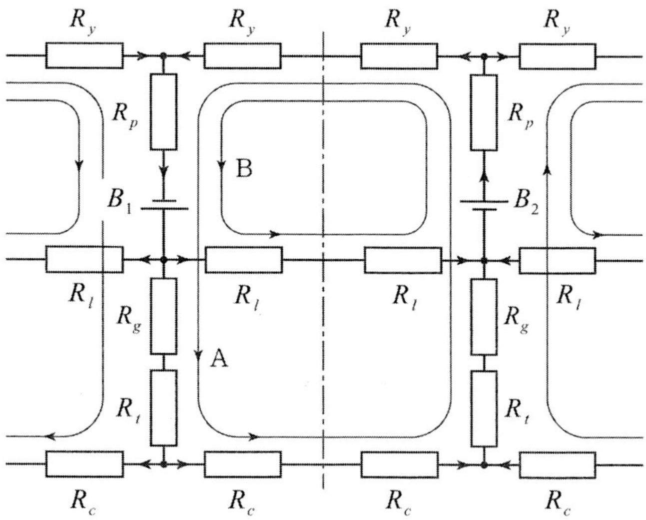

(b) 병렬 전기회로

그림 10.4 병렬 자기회로와 전기회로

전기자를 통과하는 자속이 유효자속으로 남는 양을 결정하는 데 중요한 자기장하는, 회전기에서 자극에 대해서 대칭으로 만들어지므로 중성선으로 분할하면 좌우의 자위 차는 동일하다고 할 수 있어 병렬 자로를 1극분의 직렬 자로로 취급할 수 있다. 즉, 하나의 폐회로는 2극분을 포함하고 있지만, 대칭성으로부터 1극분의 기자력은 1폐회로의 1/2로 계산하면 쉽다.

10.2 동기기의 기자력

10.2.1 개요

전기기기의 자기회로는 기종에 따라 다소 차이는 있지만, 회전 자극형 동기기를 대표로 생각한다. 앞에서 서술한 것과 같이 자속의 폐회로는, 2극분을 포함하고 있지만 대칭성으로부터 1극분을 구하는 데 폐회로의 1/2로 계산하는 것이 좋다. 직렬로 접속되고 있는 부분은 그림 10.5와 같이 다음의 5종류로 간주된다.

(1) 전기자 철심, (2) 전기자 치, (3) 공극, (4) 회전자 철심, (5) 계철

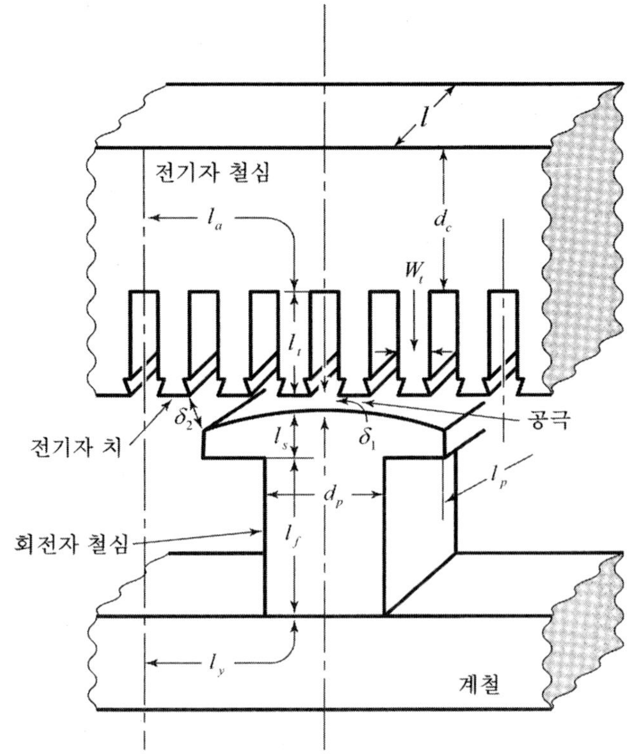

그림 10.5 동기기의 자기회로

10.2.2 전기자 철심

전기자 철심이란, 전기자 슬롯의 낮은 부분으로부터 유효 자속의 통로가 되는 부분을 말한다. 이 부분의 자속 분포 상태는 중성선을 통과하는 평면에서 자른 철심 단면에 있어 일정하다고 생각해도 좋다.

중성선을 통과하는 철심 단면의 평균 자속밀도를 구하려면 철심의 통풍 덕트 및 적층 철심의 점적률 k_l을 고려해, 단면적으로 $k_l l_n d_c[\mathrm{m}^2]$를 취한다. 여기에 k_l의 값은 0.35mm 두께의 철판으로, 바니스 절연의 경우에는 $0.90 \sim 0.95$이다. 또, $l_n[\mathrm{m}]$은 철심의 전체 길이 $l[\mathrm{m}]$로부터 통풍 덕트의 폭을 공제한 실질적인 철심의 길이이다.

따라서 철심의 평균 자속밀도 B_a는

$$B_a = \frac{\Phi/2}{k_l l_n d_c}\ [\mathrm{T}] \tag{10.12}$$

여기서, Φ: 전기자 주변으로부터 들어가는 유효자속 [Wb], $\Phi/2$: 실제로 철심으로 들어가는 자속이 B_a에 대한 자계의 세기 H[A/m]는 철판의 자화 특성곡선으로부터 구할 수 있다. 이것을 at_a[A/m]로 하고, 전기자 자기회로의 평균 길이를 l_a[m]라고 하면, 전기자 철심에 필요한 기자력 F_a는 다음과 같이 된다.

$$F_a = at_a \times l_a \ [\mathrm{A}] \tag{10.13}$$

단, l_a는 도면으로부터 구해야 하지만, 근사적으로 식 (10.14)와 같이 취할 수 있다.

$$\left.\begin{aligned} &\text{회전 전기자형: } l_a \fallingdotseq \frac{\pi D}{4p}\ [\mathrm{m}]\ \ (D\text{는 전기자 외경 [m]}) \\ &\text{회전 계자형: } l_a \fallingdotseq \frac{\pi D_1}{4p}\ [\mathrm{m}]\ \ (D_1\text{은 전기자 외경 [m]}) \end{aligned}\right\} \tag{10.14}$$

10.2.3 공극

1. 평활 전기자　공극을 통해 필요한 자속을 흘리는 데 필요한 기자력의 계산은 전기자에 슬롯이 있을 경우 매우 어렵다. 계산을 간단하게 하기 위해서는 슬롯이 없는 **평활 전기자**라고 생각하고 이것에 대해 필요한 기자력을 구해 이것을 슬롯이 있는 전기자의 경우로 환산한다.

우선 고려한 가상극호와 가상 전기자 길이의 정의로부터

$$\Phi = B_g l_i b_i \ [\mathrm{Wb}] \tag{10.15}$$

여기서, B_g: 공극에서의 자속밀도 [T]의 최대치

$$B_g = \frac{\Phi}{l_i b_i} \ [\mathrm{T}] \tag{10.16}$$

자기회로의 자기저항 R_m [A/Wb]은 길이에 비례하고 단면적에 반비례하며, 다음 식과 같다.

$$R_m = \frac{l}{\mu_s \mu_0 A} \ [\mathrm{A/Wb}] \tag{10.17}$$

여기서, μ_s: 자성체의 비투자율, μ_0: 진공의 투자율 $4\pi \times 10^{-7}$ [H/m], l: 자기회로의 길이 [m], A: 단면적 [m^2]

자속은 기자력 F[A]에 비례하고, 자기저항에 반비례하기 때문에 $\Phi = F/R_m$[Wb]가 되어 식 (10.17)을 대입하면

$$\Phi = \frac{F \times \mu_s \mu_0 A}{l} \text{ [Wb]}$$
$$\frac{\Phi}{A} = B = \frac{F}{l} \times \mu_s \mu_0 = at \times \mu_s \mu_0 \text{ [T]} \tag{10.18}$$

$$\therefore\ at = \frac{F}{l} = \frac{B}{\mu_s \mu_0} \text{ [A/m]} \tag{10.19}$$

공기의 경우, $\mu_s = 1$이기 때문에

$$at = \frac{B}{4\pi \times 10^{-7}} = 8 \times 10^5 \times B \text{ [A/m]} \tag{10.20}$$

즉, 평활 전기자의 경우에는 공극의 길이 δ[m]의 경우에 필요한 기자력 F_g은

$$F_g = 8 \times 10^5 \times B_g \delta \text{ [A]}$$

가 된다.

2. 슬롯이 있는 전기자 슬롯이 있는 전기자의 경우, 슬롯 폭 부분의 자기저항이 높기 때문에 극편과 전기자 표면 사이의 자위차가 같으면 평활 전기자에 비해 자속은 감소한다. 이 자속의 감소는 그림 10.6의 빗금친 A의 부분에 대응해 일어난다.

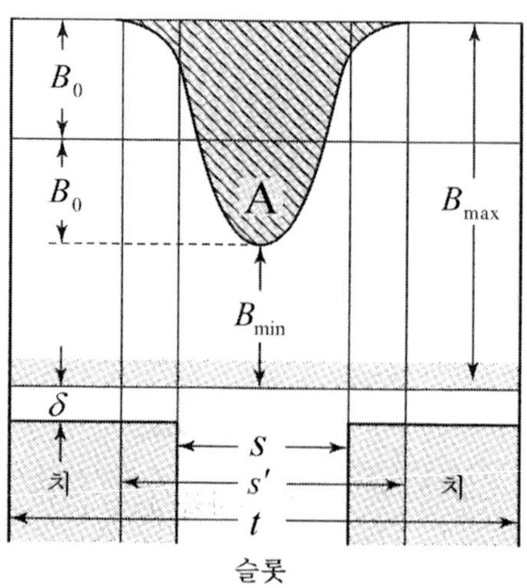

그림 10.6 자속밀도 분포곡선

이것은 바꿔 말하면 자기회로의 자기저항이 높아졌기 때문으로 슬롯이 있는 전기자는 자기저항이 높은, 즉 공극의 길이가 어느 정도 긴 평활 전기자로 옮겨놓는 것에 의해서, 완전히 등가적으로 나타낼 수 있다. 이 옮겨놓은 평활 전기자의 공극의 길이 $\delta'[m]$는 식 (10.22)가 된다.

$$\delta' = k_c\delta \tag{10.22}$$

단, k_c는 항상 1보다 큰 수로, 슬롯의 폭 s와 공극의 길이 δ의 비 s/δ 및 슬롯 피치 t와 공극의 길이 δ의 비 t/δ에 의해서 정해지는 것으로 이것을 **카터(Carter) 계수**라고 하며, 다음과 같다.

그림 10.6에 대해 평균 자속밀도를 $B[\mathrm{T}]$로 하면

$$B_{\max}t - B_0 s' = Bt \tag{10.23}$$

$B_0/B_{\max} = \beta$로 두면

$$\frac{B_{\max}}{B} = \frac{t}{t-\beta s'} = k_c \tag{10.24}$$

$\beta s' = \gamma\delta$로 바꾸면

$$k_c = \frac{t}{t-\gamma\delta} \tag{10.25}$$

$$\gamma = \beta\frac{s'}{\delta} = \frac{4}{\pi}\left\{\frac{s}{2\delta}\tan^{-1}\frac{s}{2\delta} - \ln\sqrt{1+\left(\frac{s}{2\delta}\right)^2}\right\} \tag{10.26}$$

$$\beta = \frac{1+u^2-2u}{2(1+u^2)}, \quad u = \frac{s}{2\delta} + \sqrt{1+\left(\frac{s}{2\delta}\right)^2} \tag{10.27}$$

혹은 k_c는 γ 오차의 영향을 적게 받기 때문에 식 (10.26) 대신에 식 (10.28)을 이용해도 괜찮다.

$$\gamma \fallingdotseq \frac{\left(\frac{s}{\delta}\right)^2}{5+\frac{s}{\delta}} \tag{10.28}$$

또한 $1 < s/\delta < \infty$ 이면 식 (10.28)은 식 (10.26)에 대해서 오차 10% 이내이다.

또, 반폐 슬롯의 경우에는 s를 슬롯의 통로 폭으로 하면, k_c의 값은 조금 작게 나타나지만, 이 오차는 무시해도 상관없다(그림 10.7).

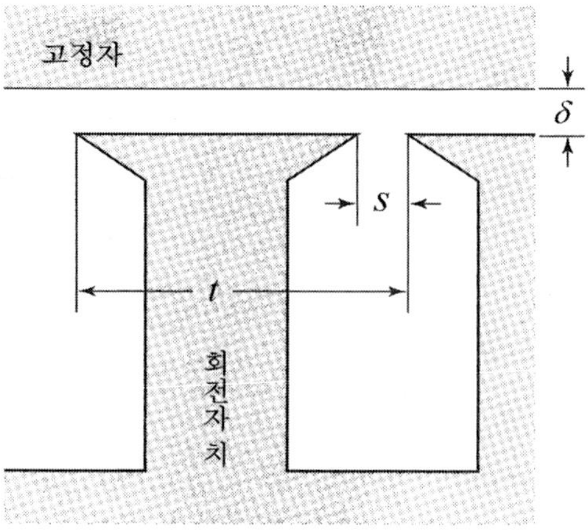

그림 10.7 반폐슬롯에 있어서의 δ의 의미

3. 고정자, 회전자의 양쪽 모두에 슬롯이 있는 경우 유도 전동기와 같이 고정자, 회전자의 양쪽 모두에 슬롯 폭이 있는 경우에 k_c의 값은 항상 한편에만 슬롯이 있다고 했을 경우의 카터 계수

$$k_{c1} = \frac{t_1}{t_1 - \gamma_1 \delta}, \; k_{c2} = \frac{t_2}{t_2 - \gamma_2 \delta} \tag{10.29}$$

보다 커진다.

합성한 카터 계수는 식 (10.30)과 같이 나타낼 수 있다.

$$k_c \fallingdotseq k_{c1} k_{c2} \tag{10.30}$$

4. 전기자 및 자극편의 권선의 영향 지금까지는 전기자 및 자극편의 권선의 영향을 무시해 왔지만, 실제 단면에서 자속은 바깥쪽 방향으로 퍼지기 때문에 전기자가 늘어난 것과 같은 효과를 나타낸다. 따라서 자극에 대해서 가상극호 b_i를 고려한 것과 같이 전기자 철심에 대해서 가상 전기자 철심 길이 l_i[m]를 고려할 필요가 있다.

자석편과 전기자 철심과의 길이가 동일할 때($l_p = l$)는

$$l_i = l_p + 2\delta [\mathrm{m}] \tag{10.31}$$

이라 볼 수 있다.

여기서, l_p: 자극편 철심의 길이 [m], l: 전기자 철심 길이 [m]

전기자가 회전하고 있는 경우에는 단면에 수직으로 들어가는 자속이 와전류를 일으키기 때문에, 이 와전류를 줄이기 위해서 전기자 철심의 길이 l[m]을 자극편 철심의 길이 l_p[m]보다 조금 크게 만든다. 이 경우, 단면으로부터 들어가는 자속을 무시하면

$$l_i = \frac{l + l_p}{2}\ [\mathrm{m}] \tag{10.32}$$

로 해도 괜찮다.

5. 통풍 덕트의 영향 전기자는 통풍 덕트를 갖추고 있어 이 경우에는 슬롯 폭의 경우와 같이 카터 계수를 고려해야 한다. 또, 고정자에도 통풍 덕트가 있는 경우가 있다. 이 경우도 마찬가지이다. 그러나 근사적으로는 전기자 철심의 길이 l[m](통풍 덕트를 포함한다)로부터 통풍 덕트의 폭을 뺀 것을 고정자 철심에 대해서도 같이 통풍 덕트의 폭을 뺀 것을 l_{np}[m]라고 하면, 근사식으로서

$$l_i \fallingdotseq \frac{l_{np} + l_n}{2}\ [\mathrm{m}] \tag{10.33}$$

으로 해도 괜찮다.

유도 전동기에서는 공극의 길이가 매우 짧고, 자화 전류의 계산을 정확하게 실시하여야 하므로, l_i[m]의 길이를 다음의 값으로 한다.

$$l_i = l_n + \frac{1}{2} n_s b_s\ [\mathrm{m}] \tag{10.34}$$

여기서, n_s: 통풍 덕트의 수, b_s: 통풍 덕트의 폭 [m]

10.2.4 치

치에 필요한 기자력의 계산은 (1) 치가 포화됐을 경우 공극 자속 중에서 어느 정도가 치를 거쳐 가는지, 어느 정도가 슬롯을 통과하는가에 대한 점과 (2) 치에 경사가 있는 것들을 고려하면 그 계산은 복잡하게 된다.

1. 피상 자속밀도 위에서 서술한 (1)을 고려하기 위해 우선, 자속은 전부 치의 부분을 지난다고 가정한다. 이러한 가정에 필요한 자속밀도 B_t'[T]를 **피상 자속밀도**라고 한다. 치 자속밀도가 1.7[T]를 넘으면, 자속의 일부분은 치와 병렬분로가 있는 비자성체의 슬롯 및 철판의 층

간 절연물의 부분을 통과한다. 이제, 한 슬롯피치 사이의 자속을 Φ_t'[Wb]라고 하면

$$\Phi_t' = B_g l_i t \tag{10.35}$$

여기서, B_g: 슬롯 전기자와 옮겨놓은 평활 전기자의 자극편 중앙에 있어서의 자속밀도 [T], t: 직경 D[m]의 전기자 주변의 슬롯피치 [m]

치의 단면적 S_t[m^2]는 일반적으로 지름의 방향으로 변해있으므로, D_t[m]의 직경 주위에서는

$$S_t = k_l l_n \left(\frac{\pi D_t}{N} - s \right) [\mathrm{m}^2] \tag{10.36}$$

여기서, $k_l l_n$: 철심의 실효 길이 [m], N: 슬롯 수, s: 슬롯의 폭 [m]

따라서 피상 자속밀도 B_t'[T]는 식 (10.37)과 같다.

$$B_t' = \frac{\Phi_t'}{S_t} = \frac{l_i}{k_l l_n} \cdot \frac{t}{\left(\dfrac{\pi D_t}{N} - s \right)} \cdot B_g = \frac{l_i}{l_n} \cdot \frac{Nt}{k_l(\pi D_t - sN)} \cdot B_g \,[\mathrm{T}] \tag{10.37}$$

2. 실자속밀도 피상 자속밀도가 1.7[T]를 넘으면, 치와 병렬의 비자성체 분로를 지나는 자속을 무시할 수 없다. 이 분로를 통과하는 자속을 Φ_N[Wb]으로 하고, 실제 치를 통과하는 자속을 Φ_t[Wb]라고 하면 전체 자속 Φ_t'[Wb]는

$$\Phi_t' = \Phi_t + \Phi_N \,[\mathrm{Wb}] \tag{10.38}$$

양변을 치의 단면적 S_t[m^2]로 나누면

$$\left.\begin{aligned} \frac{\Phi_t'}{S_t} &= \frac{\Phi_t}{S_t} + \frac{\Phi_N}{S_t} \,[\mathrm{T}] \\ B_t' &= B_t + \frac{S_N}{S_t} \cdot \frac{\Phi_N}{S_N} = B_t + k_z B_N \,[\mathrm{T}] \end{aligned}\right\} \tag{10.39}$$

여기서, $k_z = \dfrac{S_N}{S_t}$, $B_N = \dfrac{\Phi_N}{S_N}$: 분로의 자속밀도 [T], B_t: **실자속밀도** [T]

분로는 비자성체이기 때문에

$$B_N = \frac{H}{8\times10^5}\ [\mathrm{T}] \tag{10.40}$$

여기서, H: 실자속밀도 B_t[T]에 상당하는 자계의 세기 [A/m]이므로 실자속밀도는

$$B_t = B_t' - \frac{k_z H}{8\times10^5}\ [\mathrm{T}] \tag{10.41}$$

그림 10.8에 나타나듯, 자화곡선 위에 $B = -k_z H/(8\times10^5)$[T]의 직선 OG를 H의 함수로 하여, 세로축 위의 B_t'[T]에 해당하는 점으로부터 이 직선에 평행선(그림의 파선)을 긋고, 이 평행선과 자화곡선과의 교점으로부터 가로축에 수선을 내리면, B_t에 대한 H를 구할 수 있다. 그림 10.9는 이와 같이 하여 치의 끝부분에서 B_t'[T]를 B_t[T]로 환산하는 곡선이다. 단, 이것은 표준 포화곡선을 기초로 한 것이다.

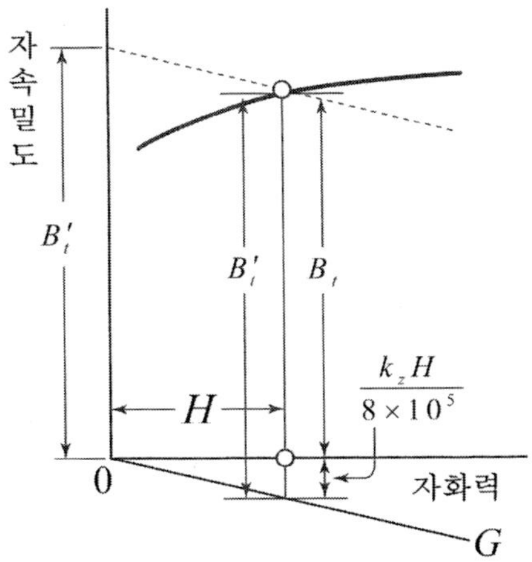

그림 10.8 피상자속밀도로부터 실자속밀도를 구하는 법

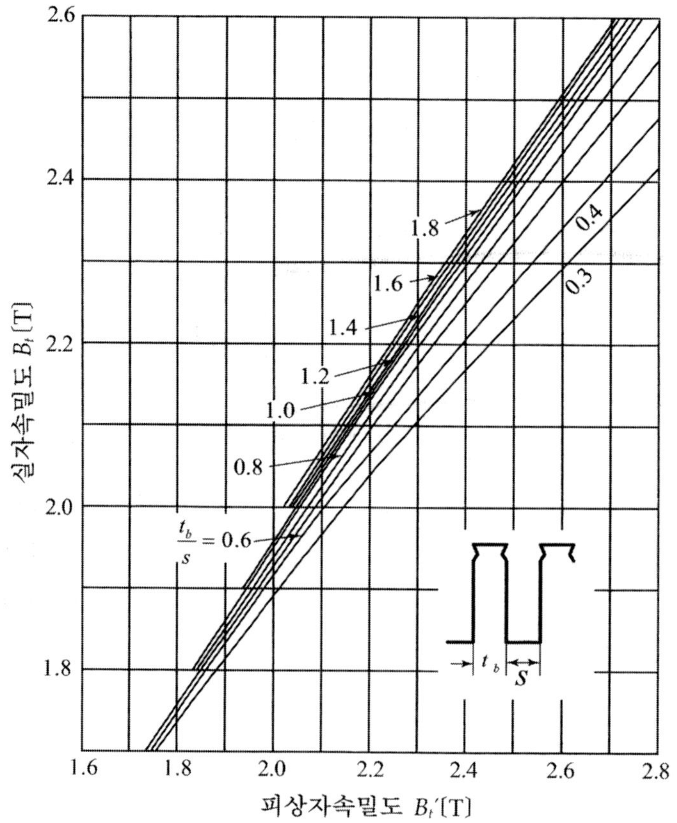

그림 10.9 $B_t' - B_t$ 곡선

치와 병렬의 자기 분로는 단면의 자속의 확대를 무시하면, 그 단면적은 다음과 같다.

$$S_N \fallingdotseq l_n\left\{s + (1-k_l)\left(\frac{\pi D_t}{N} - s\right)\right\} \ [\mathrm{m}^2] \tag{10.42}$$

$$\therefore \ k_z = \frac{S_N}{S_t} \fallingdotseq \frac{\pi D_t}{k_l(\pi D_t - sN)} - 1 \tag{10.43}$$

3. 치에 필요한 기자력 치의 폭이 그 전체 길이에 따라서 같지 않은 경우에는

$$F_t = \int_{l_t = 0}^{l_t} at\mathrm{d}t = l_t at_m \tag{10.44}$$

의 적분을 구하면 좋지만, 이것은 그림 10.10과 같이 at[A/m]의 크기를 치의 길이의 방향에

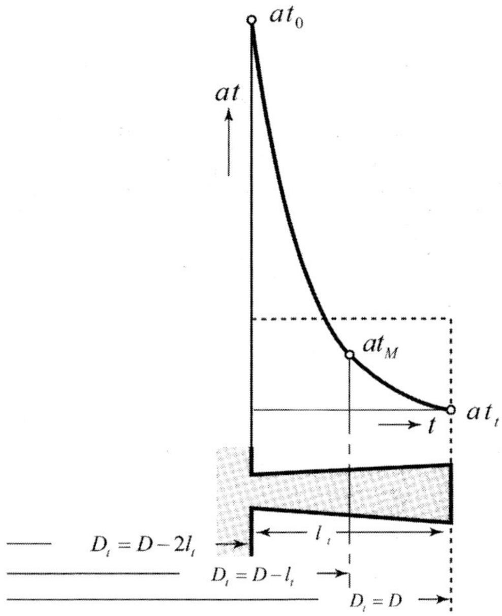

그림 10.10 치에 따른 자계의 힘과 평균치

따라서 구해 그 곡선과 횡축과의 만드는 면적을 구하면 좋다. 이 때문에, **심슨(Simpson)의 법칙**에 의해서 치의 밑부분 $(D_t = D - 2l_t)$의 at_0[A/m], 치의 중앙부 $(D_1 = D - l_t)$의 at_t[A/m] 및 치의 끝부분 $(D_1 = D)$의 at_t[A/m]를 구해 기자력 F_t를 다음 식에 의해 계산한다.

$$F_t \fallingdotseq l_t\left(\frac{at_0 + 4at_M + at_t}{6}\right)[\mathrm{A}] \tag{10.45}$$

치의 경사를 고려한 치에 필요한 기자력을 식 (10.45)로 구한 값을 곡선에 나타낸 것이 그림 10.11이다. 이 그림은 t_b/t_t를 파라미터로서 그린 것으로, t_b는 치의 밑부분의 폭 [m], t_t는 치의 끝부분의 폭 [m]이다.

자속밀도가 현저하게 높고, 예리한 송곳 형태의 치의 경우에는, 식 (10.45)에 의해 계산한 값은 커진다.

동기기나 유도기와 같이, 치의 자속밀도를 비교적 낮게 취하는 것에서는 근사적으로 치의 길이의 기계의 중심으로부터 1/3의 면적에 대해서 B_t[T]를 구하고, 그에 대한 자화력 at_t[A/m]를 구해 이것에 l_t[m]를 곱해 기자력 F_t를 구하는 방법이 실제로 행해지고 있다.

치는 그림 10.10에 나타낸 것 같은 간단한 형태가 아니고, 반개슬롯의 경우에는 그림 10.7과 같이 끝부분이 넓어지고, 쐐기를 막는 개방 슬롯의 경우에는 쐐기의 위치에서 치의 폭이 감소한다. 이러한 경우 치의 폭 변화를 무시하고 계산하더라도 그 오차는 별로 크지 않다.

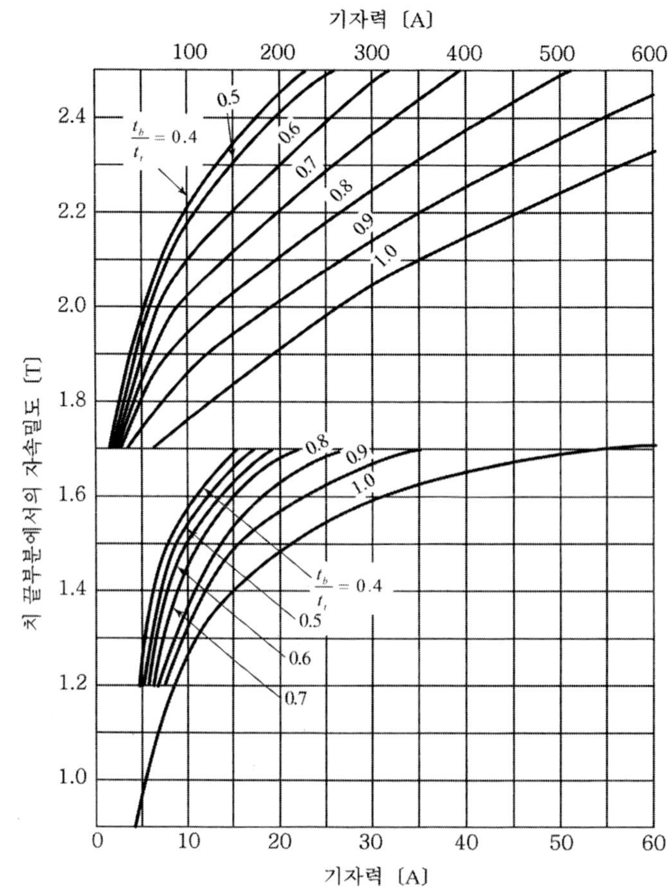

그림 10.11 치에 있어서의 기자력

직경이 작은 기계에서는 치의 측면을 평행으로 만들어, 치의 밑부분 폭이 현저하게 감소하는 것을 막는 것이 보통이다. 이 경우는 다음과 같이 나타낼 수 있다.

$$F_t = l_t \times at_M \tag{10.46}$$

10.2.5 계자 철심

1. 누설 자속 돌극기에서는 계자 코일의 여자에 의한 기자력에 의해서 생기는 총자속의 일부분은 누설 자속이 되어서 없어져 나머지 부분만큼이 유효 자속 ϕ_a[Wb]로 전기자에 들어가, 전기자권선과의 상대 회전운동에 의해서 이 권선에 필요한 기전력을 유도한다. 자극 철심에 있어서 자속은 자극의 뿌리부분(계철에 장착되어 있는 부분)에서 최대로, 자극의 선단으로 향하는 누설 자속에 의해서 감소한다. 이제, 자극의 뿌리에 있어서의 자속을 Φ_f[Wb], 전기자에 들

어가는 유효자속을 Φ_a[Wb]라고 하면

$$\Phi_f = \Phi_a + \Phi_l \text{ [Wb]} \tag{10.47}$$

의 관계가 있다. 양변을 Φ_a로 나누면

$$\sigma = \frac{\Phi_f}{\Phi_a} = 1 + \frac{\Phi_l}{\Phi_a} \tag{10.48}$$

를 **자기 누설 계수**라고 한다.

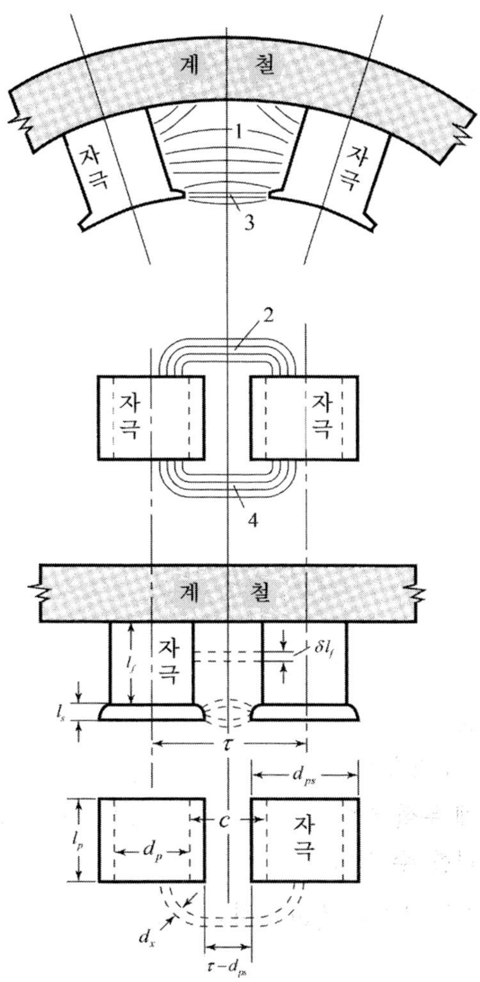

그림 10.12 누설 자속

이 누설 자계는 다음과 같이 나눌 수 있다(그림 10.12).

(1) 서로 인접하는 자극 철심의 내측면 사이의 누설 자속: 그림에서 1
(2) 서로 인접하는 자극 철심의 단면의 누설 자속: 그림에서 2
(3) 서로 인접하는 자극편의 안쪽 양면의 누설 자속: 그림에서 3
(4) 서로 인접하는 자극편의 단면의 누설 자속: 그림에서 4

2. 자기 누설 계수 자기 누설 계수 σ의 값은 자극 수, 코일의 형상, 공극의 기자력, 부하 상태 등에 따라서 다른 값을 가지며, 회전 전기자형에서는 1.1~1.2, 회전 계자형에서는 1.1~1.3의 범위이다.

3. 자극 철심에 필요한 기자력 자극 철심을 통과하는 자속은 실제로 선단으로 향하는 것에 따라 감소하지만, 자기 누설은 자극편의 부근에서 가장 두드러지기 때문에 자극 철심에 따라 자속이 일정하다고 생각해 자극 철심 뿌리의 자속 $\Phi_f = \sigma\Phi_a\,[\mathrm{Wb}]$으로서 해도 괜찮다. 자극 철심의 단면적도 보통 변하지 않으므로, 이것을 $S_f\,[\mathrm{m}^2]$를 지나는 자극 철심에서의 자속밀도는

$$B_f = \frac{\Phi_f}{S_f}\,[\mathrm{T}] \tag{10.49}$$

가 된다. 자화곡선으로부터 $B_f\,[\mathrm{T}]$에 대한 단위 길이당 자화력 at_f를 구해 여기에 철심의 길이를 $l_f\,[\mathrm{m}]$로 하면, 필요한 F_f가 구해진다.

$$F_f = l_f at_f\,[\mathrm{A}] \tag{10.50}$$

여기서, l_f: 자극 철심의 근원으로부터 자극편의 어깨까지의 길이 [m]

10.2.6 계철

계철(yoke) 내의 자속 분포 상태는 자극 철심을 설치하는 부분에서의 최대로써, 그 크기는 $\Phi_f/2$와 같다. 계철에도 누설 자속이 있지만, 실제로 계철이 필요로 하는 기자력은 전체의 기자력에 비해 매우 작기 때문에 누설 자속은 무시해도 상관없다. 또, 자속은 계철의 단면상에 균등하게 분포되고 있다고 생각할 수 있다.

따라서 평균 자속밀도는 단면적을 $S_y\,[\mathrm{m}^2]$라고 하면

$$B_y = \frac{\Phi_f}{2S_y}\,[\mathrm{T}] \tag{10.51}$$

자화곡선으로부터, B_y에 대한 단위 길이당 at_y를 구하면 계철에 필요로 하는 F_y는 다음 식으로부터 구할 수 있다.

$$F_y = l_y at_y \,[\mathrm{A}] \tag{10.52}$$

단, l_y는 자로의 평균 길이 [m]로 도면으로부터 구하거나, 근사적으로 다음 식으로부터 구할 수 있다.

$$l_y = \frac{\pi D'}{4p} \,[\mathrm{m}] \tag{10.53}$$

여기서, D': 계철의 외경 [m]

10.2.7 여자전류의 계산

1. 집중권의 계자권선 직류기의 계자권선 및 돌극형 동기기의 계자권선은 각 자극에 집중권으로 하고, 직류 전류를 흘려 자속을 만든다. 따라서 1극당 기자력을 턴 수로 나누면 필요한 전류를 구할 수 있다.

$$I_f = \frac{\Sigma F}{N} \,[\mathrm{A}] \tag{10.54}$$

여기서, ΣF: 1극의 전기자력, N: 1극당 턴 수

2. 분포권의 권선 3상 유도기는 원주상 대칭으로 분포하고 있는 3상 권선에 시간적으로 대칭인 위상을 가지는 전류가 흘러, 3상 합성 자속을 만들고 있다. 어느 상의 w[회] 턴 하나의 코일에 $\sqrt{2}\,I\,\mathrm{sin}wt$[A]의 전류가 흐르면, 최대 $\sqrt{2}\,wI[A]$에 의한 구형 분포의 자계가 생긴다. 이것의 기본파 성분을 $4/\pi$, 1극 1상의 코일 수를 q, 권선 계수 k_w로 하면, 최대 $(4/\pi)\times\sqrt{2}\times k_w wqI$의 기자력이 된다.

정현파로서의 평균치는 $2/\pi$로 3상을 합성하면 1.5배가 되기 때문에 기자력의 합계는

$$1.5\times\frac{2}{\pi}\times\frac{4}{\pi}\times\sqrt{2}\times k_w wqI\,[\mathrm{A}] \tag{10.55}$$

이것은 자기회로상에 필요한 ΣF와 동일하고, 1극 1상분의 도체수 $Z=2wq$이기 때문에 정현파의 경우

$$I = \frac{\Sigma F \times 2}{1.5 \times \frac{2}{\pi} \times \frac{4}{\pi} \times \sqrt{2} \times k_w Z} = 1.16 \times \frac{\Sigma F}{k_w Z}\ [A] \tag{10.56}$$

으로 전류의 실효값을 구할 수 있다.

제 11 장 손실 및 효율

11.1 손실의 종류

전기기기의 손실은 다음과 같이 구분된다.

(1) **고정손**(부하에 무관하고 일정한 것) (a) 무부하 철손, (b) 베어링 마찰손, (c) 브러시 마찰손, (d) 풍손

(2) **직접 부하손** (a) 전기자권선과 여기에 직렬로 접속되어 있는 계자권선 및 보상 권선의 저항손, (b) 부하에 의해 증감하는 철손, (c) 브러시 전기손(회전 전기자형)

(3) **여자손** (a) 분권 또는 타여자 계자권선의 저항손 (b) 브러시 전기손(회전계자형)

(4) **표류부하손** 부하에 의해 도체, 철 및 브러시 중에 생기는 손실 중 (2)에 포함되지 않는 것

11.2 철 손

11.2.1 개요

철이 주기적으로 자화의 변화를 받으면, 이 자화의 변화에 의해서 에너지가 소비된다. 이것이 철심에 있어서의 전력손실이다. 철에 대한 자화의 변화는 방향은 변화하지 않고 자계의 세기가 변화하는 교번 자화와 자계의 힘이 변하지 않고 방향이 변화하는 회전 자화가 있다. 전자는 일반적으로 변압기에서 생기며, 후자는 보통 전기기기의 전기자에서 발생한다.

전기기기에서 철심에 철손이 발생하는 상태는 소재로서의 철판에 철손이 발생하는 것과 차이가 있다.

변압기에서 자화의 변화는 거의 순수한 교번 자화이므로 계산이 간단하다. 그러나 회전 전기에서는 여러 가지 원인에 의해서 철손의 산출은 매우 곤란하고, 근사적인 값을 계산할 수 있다. 설계에 들어가서는 과거에 제작한 유사한 기기에 대한 실측치를 기초로 해서 계산한다.

11.2.2 전기자 철심에서의 철손

철손은 히스테리시스손과 와전류손으로 나눌 수 있다.

1. 히스테리시스손 철심에 가한 자계의 주기적인 변화에 의해 자속밀도가 변화하며, 그 때에 그림 11.1과 같은 히스테리시스 루프가 생기며, 매주기마다 면적(음영 부분)에 비례한 손실이 생기는데, 이것을 히스테리시스손이라고 한다. 주파수 f[Hz]의 교번 자화에 의해 철심 내에서 히스테리시스손 W_H는 식 (11.1)과 같다.

$$W_H = \varepsilon \frac{f}{100} B_a^2 \text{ [W/kg]} \qquad (11.1)$$

여기서, B_a: 10.2.2절에서 자기회로의 계산 때 이용한 평균 자속밀도[T], ε: 재료에 의한 정수 (표 11.1)

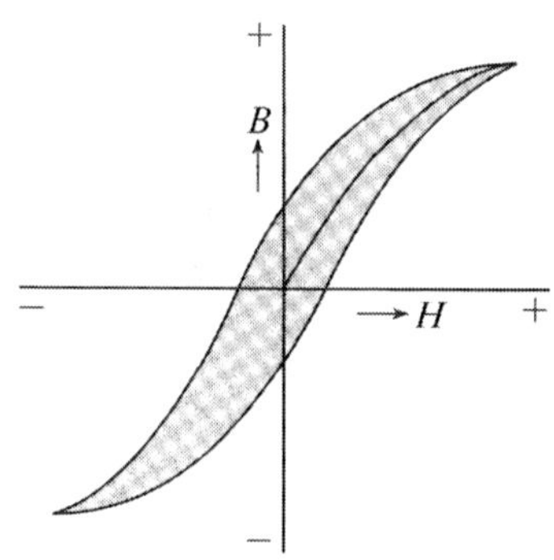

그림 11.1 히스테리시스

표 11.1 ε와 σ의 값

전기철판의 종류	두께 [mm]	ε	σ
보통	1.0	4.4	22.4
	0.5	4.4	5.6
	0.35	4.7	3.2
고급	0.5	3.0	1.2
	0.35	2.4	0.6

회전기에서 대부분의 경우 회전 자화에 의해서 자화의 교번이 일어난다. 회전 자화에 의한 히스테리시스손은 자속밀도가 커짐에 따라 증가하지만 최대치에 이르면, 자속밀도의 증가와 함께 급속히 감소한다. 그 상태는 그림 11.2와 같다. 그 최대치는 재료에 따라 다르며 일반적으로

1.2~2.0[T] 때에 일어난다. 보통 얇은 철판에서는 1.6[T] 부근에서 최고치가 되고 2.4[T] 부근에서는 거의 0이 된다. 1.5[T]까지는 회전 자화에 의한 히스테리시스손은 교번 자화에 의하는 것 보다 크며, 1.5[T]에서 최대가 된다. 전기자 철심의 평균 자속밀도는 일반적으로 1.6[T]보다 낮은 것이 보통이다.

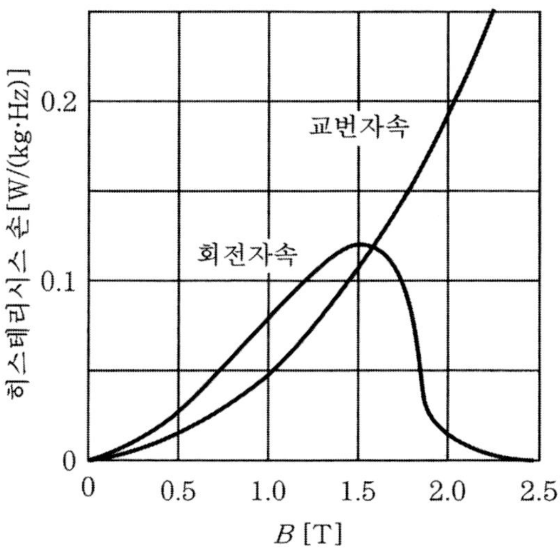

그림 11.2 교번자속과 회전자속에서의 히스테리시스손 발생

철심 내에서의 히스테리시스손을 구하려면 자화곡선을 구할 때와 같이 단면의 평균 자속밀도 B_a를 이용해 계산한다.

$$W_H' = k_H W_H = k_H \varepsilon \frac{f}{100} B_a^2 \text{ [W/kg]} \tag{11.2}$$

여기서, k_H: 회전 자화를 위한 계수($k_H \fallingdotseq 1.8$)

2. 와전류손 교번 자계에 의한 전자기 유도에 의해서 그림 11.3과 같이 철심 내에 소용돌이 모양으로 분포하는 전류(와전류)가 생겨 그에 따른 손실이 발생하는 데 이것을 와전류손이라고 한다. 주파수 f[Hz]의 교번 자계에 의해서 철심 중에 일어나는 와전류손 W_E는 식 (11.3)과 같다.

$$W_E = \sigma \left(\frac{f}{100} \cdot B_a \right)^2 \text{ [W/kg]} \tag{11.3}$$

여기서, B_a: 철판 단면 안쪽에서의 평균 자속밀도 [T], σ: 유도기전력의 파형률이며, 철판의

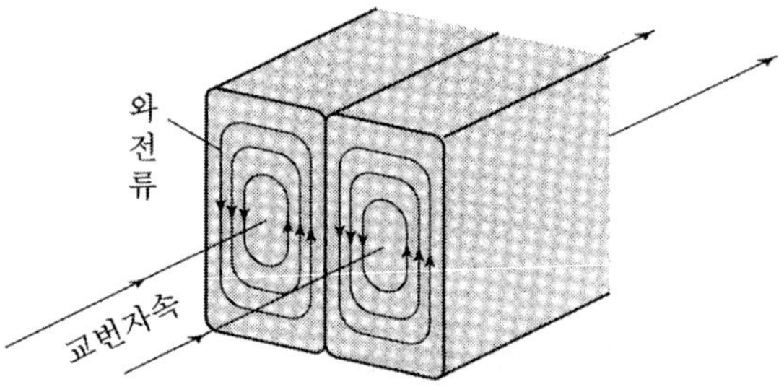

그림 11.3 교번자속에 의한 와전류

두께 및 저항률을 포함한 정수(표 11.1)

식 (11.3)은 일정한 교번 자화에 있어서 적층 철심 내의 와전류손을 나타내지만, 회전기에 대해서는 자계의 분포가 일정하지 않기 때문에 이를 보정해야 한다. 와전류손은 극수 및 철심의 지름 방향의 폭 d_c[m]와 극 피치 τ[m]의 비 d_c/τ에 영향을 받으며, 그 영향은 회전계자형과 회전 전기자형에 따라 다르지만 d_c/τ가 늘어남에 따라서 와전류손은 감소하여 d_c/τ가 최대일 때 최소가 된다.

그림 11.4는 단위 무게당 와전류손을 여러 가지의 극수에 대해 d_c/τ의 함수로써 나타내었다. 세로축은 같은 극 p에서의 대수적 표현으로, d_c/τ가 최대일 때의 와전류손을 1로 하여 그의 배수로 표현하였다. 실제의 경우 d_c/τ는 $0.2 \leq d_c/\tau \leq 0.4$의 범위에 있다.

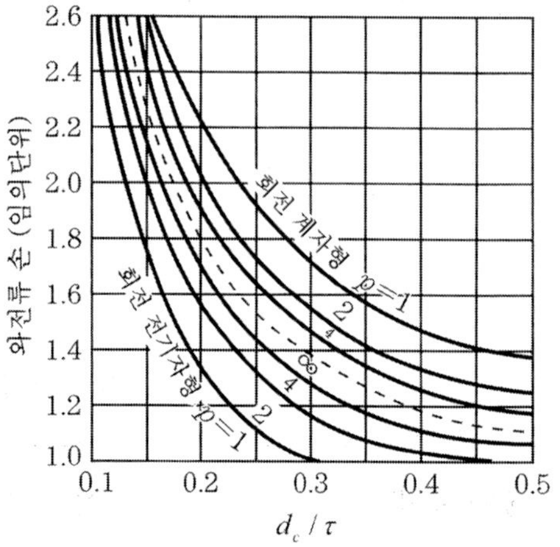

그림 11.4 와전류손과 d_c/τ의 관계

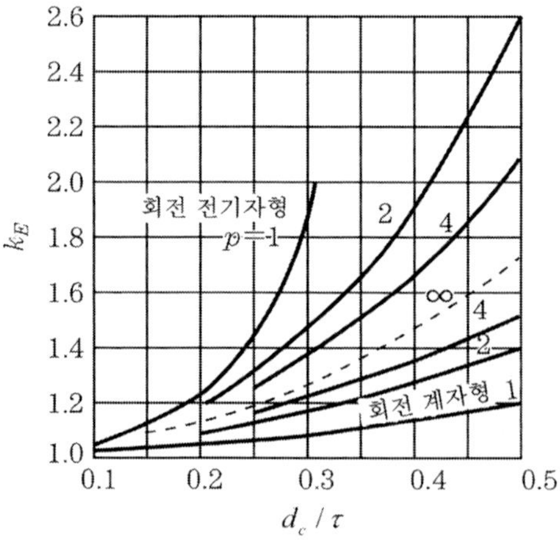

그림 11.5 교정계수 k_E와 d_c/τ의 관계

와전류손의 계산에는 전기자 철심의 평균 자속밀도 B_a[T]를 요구하며 주파수 f[Hz]에 대해 철심 내에서 일어나는 와전류손은

$$W_E{}' = k_E W_E = k_E \sigma \left(\frac{f}{100} \cdot B_a \right)^2 \text{ [W/kg]} \tag{11.4}$$

여기서, k_E: 철심의 와전류 분포를 고려하기 위한 보정 계수(그림 11.5)

보통 d_c/τ는 2극기 이외의 회전전기자형에서는 1.5, 회전계자형에서는 1.2이다. 또한, 2극 회전계자형에서는 1.1이다.

11.2.3 치에서의 철손

치에서는 순수한 교번 자화가 일어나지만 전체 길이에 있어서 자속밀도의 불균일, 치의 폭이 적층의 두께에 비해 비교적 크지 않은 것, 자속 변화가 정현파가 아니고 고주파를 포함하는 것에 의해서 철손의 계산은 매우 복잡하다. 그러나 치 중앙부의 자속밀도를 이용해 순수한 정현파 교번 자화로써 계산한 철손을 이용하면 오차가 적어진다. 와전류손의 산정에서는 실제 자속 변화 곡선의 파형률과 정현파 파형률과의 비의 제곱과 같은 보정 계수를 취할 필요가 있다. 이 값은 직류기에서는 거의 2로 두어도 무방하다.

11.2.4 전철손

일반적으로, 전기기기의 철손은 위의 계산으로 얻은 값보다 상당히 큰 것이 보통이다. 이 원인은 (1) 제작 시에 기계적 응력을 주는 것에 의해서 히스테리시스손이 증가하는 것, (2) 펀칭된 철판을 겹쳐 쌓아 압축하면, 펀칭 후 철판 자체가 벗겨지는 현상과 적층이 가지런하게 되지 않은 것을 사포질할 때 각 층간의 절연층이 손상되어 각층이 서로 단락되기 때문에 와전류가 층간에 흘러 그 손실이 증가하기 때문이다. 이것들을 총괄하여 회전기의 철손은 다음과 같이 취할 수 있다.

전기자 철심부분의 철손 $\quad W_c = (k_H W_H + k_E W_E)$ [W/kg] (11.5)

단, 회전전기자형에 대해서 $k_H = 2, k_E = 2.3$

회전계자형에 대해서 $k_H = 2, k_E = 1.8$

치부분의 철손 $\quad W_t = (k_H W_H + k_E W_E)$ [W/kg] (11.6)

단, 직류기에 대해서 $k_H = 1.2$, $k_E = 3$

동기기 및 회전자계 비동기기에 대해서 $k_H = 1.2$, $k_E = 1.5$

11.2.5 변압기의 철손

변압기에서는 교번 자화만 존재한다. 일반적으로 단자전압이 정현파로 변화하고 있기 때문에 철심에서 와전류를 일으키는 기전력도 정현파라 가정할 수 있다. 자속은 철심 단면 안에 거의 일정하게 분포하고 있다고 생각해도 좋지만, 고정 볼트나 각 부분의 자기통로 곡선에 의해 철손의 증가를 초래하므로, 식 (11.1) 및 식 (11.3)으로부터 계산한 철손 값에 1.1~1.3의 보정 계수를 곱할 필요가 있다.

11.2.6 극편표면손

슬롯을 가지는 철심에 대립되는 자극편 표면의 자속밀도는 Nn의 주파수(N은 슬롯수, n은 분당 회전수)로 치의 중앙 평면에 있어서의 최대치 $B_{\max}$[T]와 슬롯의 중앙 평면에 있어서의 최소치 $B_{\min}$[T] 사이를 맥동한다. 전기자가 회전하여 치가 극편 표면의 앞을 지나치면, 이 때문에 와전류가 유도되어 이것은 적층하지 않는 극편에 와전류손을 발생한다. 이 와전류는 극편 표면으로부터 너무 깊게 들어가지 않으므로 표면손이라고 한다. 이 값은 다음과 같다.

$$W_f = k_0\left(\frac{Nn}{10000}\right)^{1.5}(10B_0 t)^2\ [\mathrm{W/m^2}] \tag{11.7}$$

여기서, B_0: $(B_{\max} - B_{\min})/2$, t: 슬롯피치 [cm], k_0: 정수, 실험 결과에서 비성층 단철극편에서는 23.3, 2mm 적층극편에서는 8.6, 0.55mm 적층극편에서는 2.8

직류기에서 공극은 극 호에서 거의 같은 크기이기 때문에 극편의 체적 어디서나 동일한 철손을 일으킨다고 해도 무방하지만, 동기기에서는 자속 분포가 정현파가 되도록 공극을 변화해야 하기 때문에 B_0를 극 중앙에서의 값으로 하면, 실제 손실은 기존 값의 약 1/2이 된다.

11.2.7 치 맥동손

고정자, 회전자 모두 슬롯을 가지는 기계에서 치의 자속밀도는 양쪽 치가 마주보는 상대적인 위치에 따라서 다르다. 그리고 회전자의 치에서는 고정자의 치의 수에 비례하는 주파수로 맥동하고, 고정자는 회전자의 치의 수에 비례하는 주파수로 맥동한다. 이 맥동은 유도전동기와 같이 공극이 작은 것에서 크게 나타난다. 이 맥동에 의한 철손은 주로 와전류손이며 치 맥동손이라고 하여 유도전동기에서는 다음 식에 의해서 구할 수 있다.

$$\text{1차측 치 맥동손}\ W_{p1} = 0.14\left(\frac{N_2 n}{10,000}10B_{p1}\right)^2\ [\mathrm{W/kg}] \tag{11.8}$$

$$2\text{차측 치 맥동손 } W_{p2} = 0.14\left(\frac{N_1 n}{10{,}000}10B_{p2}\right)^2 \text{ [W/kg]} \tag{11.9}$$

여기서, N_1, N_2: 각각 1차 및 2차측 치의 수, n: 분당 회전수, B_{p1}, B_{p2}: 각각 1차 및 2차 치의 중앙에서의 자속밀도의 맥동 진폭[$\mathrm{Wb/m^2}$]

11.3 저항손실

11.3.1 개요

직류 저항이 $R[\Omega]$인 권선에 실효값 I[A]의 전류가 흘렀을 때 발생하는 열량 W_0[W]는 다음 식에서 구할 수 있다.

$$W_0 = RI^2 \text{ [W]} \tag{11.10}$$

단, 이것은 권선 내를 흐르는 전류가 도체의 어느 단면에서나 일정하게 분포되고 있는 경우, 즉, 권선에서 자여자계나 외부 자계에 의한 와전류가 발생하지 않는 경우이다.

11.3.2 직류 전기자권선의 저항손

직류 전기자권선에 대해서 W_0는

$$W_0 = RI^2 = \frac{\rho l Z}{(2a)^2 q} \times I^2 \text{ [W]} \tag{11.11}$$

여기서, ρ: 도체의 저항률 [$\Omega \cdot \mathrm{m}$], q: 도체의 단면적 [$\mathrm{m^2}$], Z: 도체수, $2a$: 전기자 병렬 회로수, l: 각 도체의 평균 길이 [m], I: 전기자 전류 [A]

저항률은 온도에 의해서 변화하며, t[℃]때의 저항률 ρ_t는 20[℃]일 때의 저항률 $\rho_{20} = 1.724 \times 10^{-8} [\Omega \cdot \mathrm{m}]$를 기준으로 다음 식과 같이 변화한다.

$$\rho_t = \rho_{20}\{1 + \alpha_{20}(t - 20)\} \tag{11.12}$$

여기서, $\alpha_{20} = 3.93 \times 10^{-3}$ [1/K]: 20[℃]에서 구리의 온도계수

권선 내의 전류가 시간적으로 변화하는 것이라면, 도체 단면의 전류 분포는 일정하지 않으므로 전류에 의한 권선 내의 손실이 증가한다. 만약 권선 중에 다른 자계에 의한 와전류가 발생하지 않는다면, 전류에 의한 손실은,

$$W_{0ac} = R_e I^2 \text{ [W]} \tag{11.13}$$

여기서, R_e : 도체의 온도 및 주파수가 일정할 때 전류의 파형이 실효값 I와 무관한 경우의 권선의 저항 [Ω]

저항비 교류와 직류의 경우 손실비는 둘의 저항 사이의 비에 동일하고,

$$k = \frac{W_{0ac}}{W_0} = \frac{R_e}{R} \tag{11.14}$$

또한, 이 비를 저항비라고 한다. 만약 권선에 흐르는 전류 I에 의해서 여자되는 자계가 권선 외의 가까운 금속 부분에 와전류를 발생한다고 하면, 주파수 및 전류 파형이 일정한 경우, 이 와전류에 의해서 생기는 손실은 전류의 실효값 I의 제곱에 비례한다. 그 경우의 등가저항 R_w[Ω]는 식 (11.15)로부터 정해진다.

$$W_w = R_w I^2 \text{ [W]} \tag{11.15}$$

11.3.3 전기자 슬롯 내 도체의 저항비

전기자권선을 흐르는 전류에 의해서 생기는 자속의 변화에 의해 도체 중에 와전류가 발생하며, 이 와전류는 권선의 도체에 흐르는 주 전류의 분포를 불평형하게 만든다. 그 상태는 단층 권선에서 그림 11.6(a)와 같이 슬롯의 통로쪽 가장자리에 전류가 집중된다. 2층 권선에서는 그림 11.6(b)와 같이 상부 도체는 자기의 전류뿐만 아니라 하부 도체에 의해서 생기는 자속에 의해서도 치우침을 일으켜 슬롯 아랫부분에 가까운 쪽의 도체 단에도 집중된다. 이 경우 전류밀도의 위상은 각 도체 소선마다 차이가 나기 때문에 도체 면에서 실효 전류밀도를 적분한 것은 도체를 흐르는 전류보다 크다. 그림 11.6의 실효 전류 G의 평균치는 전류가 일정하게 분포되었을 경우의 전류밀도 G_0보다 크다. 이 경우 저항비는 각각 다음과 같다.

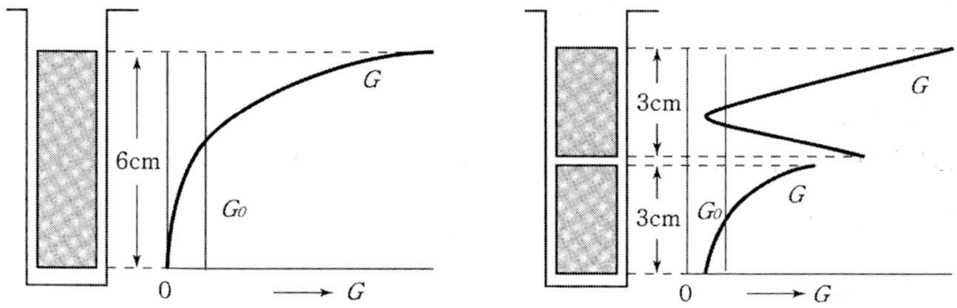

그림 11.6 코일의 저항손실

1. 단층 권선의 경우

$$k_1 = \varphi(\xi) = \xi \frac{\sinh 2\xi + \sin 2\xi}{\cosh 2\xi - \cos 2\xi} \quad (\xi = \alpha h) \tag{11.16}$$

(ξ는 무차원수로 저항비를 계산할 경우에 h[m] 대신에 사용하는 등가 높이이다)

여기서, $\alpha = 2\pi \sqrt{\frac{nb}{a} \cdot \frac{f}{\rho \times 10^7}}$ [m^{-1}]

a: 슬롯의 폭 [m], b: 도체의 폭 [m], h: 도체의 높이 [m], n: 열에 보통도체의 수, ρ: 저항률 [Ω · m]

2. 2층 권선의 경우

상하에 같은 상의 전류를 흘려준 경우

$$\begin{aligned} &\text{하층 } k_1 = \varphi(\xi) \\ &\text{상층 } k_2 = \varphi(\xi) + 2\psi(\xi) \end{aligned} \tag{11.17}$$

3상 권선으로 상하 다른 상의 전류를 통하는 경우

$$\begin{aligned} &\text{하층 } k_1 = \varphi(\xi) \\ &\text{상층 } k_2 = \varphi(\xi) + 1.5\psi(\xi) \end{aligned} \tag{11.18}$$

여기서,

$$\psi(\xi) = 2\xi \frac{\sinh \xi - \sin \xi}{\cosh \xi + \cos \xi} \tag{11.19}$$

위의 것 $\varphi(\xi)$과 $\psi(\xi)$의 ξ에 대한 변화는 그림 11.7과 같다.

$0 \le \xi \le 1.0$의 범위에서는 $\varphi(\xi) \fallingdotseq 1 + 4/45\xi^4$ 및 $\psi(\xi) \fallingdotseq 1/3\xi^4$이고, $\xi > 2$때는 $\varphi(\xi) \fallingdotseq \xi$ 및 $\psi(\xi) \fallingdotseq 2\xi$이다.

슬롯 이외의 부분에 있어도 **표면 효과**에 의해서 실효 저항은 증가하지만, 그 증가율은 단면적에서는 무시할 수 있다.

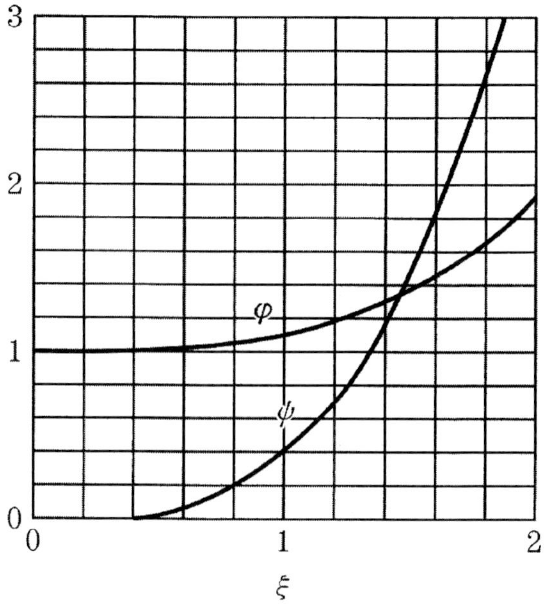

그림 11.7 $\varphi(\xi)$와 $\psi(\xi)$

11.3.4 직류 전기자 도체의 저항비

직류기의 전기자 도체에도 교류가 흐른다. 즉, 브러시에서 합선되는 사이에 그 합선 권선 안을 흐르는 전류는 방향이 거꾸로 된다. 그때, 어느 도체 층에 발생하는 와전류손은 그 층의 전 전류의 순간적인 경과 및 그 층 아래에 있는 도체의 전류에 의해서 정해진다. 이 경우, 전류 파형은 사다리꼴이 된다. 이를 위한 저항비는

$$k \fallingdotseq 1 + \frac{0.07}{1+\lambda}\sqrt{\frac{\tau_c}{b+(u-1)t_c}}\,4\xi^3 \tag{11.20}$$

여기서, λ: 슬롯 내부와 외부 길이의 비, b: 브러시의 두께 [m], t_c: 정류자편의 폭 [m], τ_c: 극 피치 정류자 상에서 측정한 길이 [m], u: 한 슬롯 안에 들어갈 수 있는 권선의 상구 또는 하구의 수.

한 슬롯 내에 안쪽에 감기는 권선을 상구권선, 바깥쪽에 감기는 권선을 하구권선이라 한다.

11.3.5 변압기 권선에 있어서의 저항비

1. 원판 권선의 경우

$$\left.\begin{array}{ll}\text{도체 단면이 장방형의 경우} & k = 1 + \dfrac{m^2 - 0.8}{36}\xi^4 \\ \text{도체 단면이 원형의 경우} & k = 1 + \dfrac{m^2 - 0.8}{61}\xi^4 \end{array}\right\} \qquad (11.21)$$

단, m은 누설 자속에 직각 방향으로 겹치는 도체의 수이다.

2. 원통 권선의 경우

$$\left.\begin{array}{ll}\text{도체 단면이 장방형의 경우} & k = 1 + \dfrac{m^2 - 0.2}{9}\xi^4 \\ \text{도체 단면이 원형의 경우} & k = 1 + \dfrac{m^2 - 0.2}{15.25}\xi^4 \end{array}\right\} \qquad (11.22)$$

이 경우 m은 방사 방향과 겹치는 도체의 수이다.

11.3.6 슬롯 주자속에 의한 와전류손

슬롯의 공간에 들어가는 주자속에 의해서도 권선 내에 와전류가 생긴다. 이것은 무부하의 경우에도 발생하며 부하 크기와 거의 무관하다.

이 손실은 주자속과 주파수의 곱의 제곱에 비례한다. 이것을 줄이려면 도체의 폭 및 높이를 작게 하고 얇게 절연하여 병렬로 이용한다.

11.3.7 브러시 접촉면에서의 손실

이것은 브러시가 정류자 또는 슬립링과 접하는 부분에서의 전압강하에 의한 손실이며 전압강하는 브러시의 재질 외에 전류의 밀도 및 방향, 압력, 주변 속도에 의해서 변한다.

JEC 2120의 규정에서는 손실의 계산에 탄소 및 흑연질 브러시에 대해서는, +·− 양 브러시로 합계 2 V, 금속 흑연질 브러시에 대해서는 +·− 양 브러시 합계 0.6 V라고 규정하고 있다.

11.4 마찰손

회전 전기기기에 대한 마찰손은 베어링 마찰손과 브러시 마찰손으로 크게 나눌 수 있다.

11.4.1 베어링 마찰손

베어링은 원통 베어링, 볼 베어링 및 롤러 베어링으로 크게 나눌 수 있다.

1. 원통 베어링 원통 베어링에서 마찰손은 축의 길이 l과 축의 직경 d의 비, 즉 l/d, 축의 주변 속도 v[m/s], 베어링 온도 t[℃], 유량 [l] 및 기름의 점도 η[Pa · s], 베어링 메탈과 축 사이의 틈 및 베어링 압력 p[Pa]에 관계된다.

축의 주변 속도 $v = 0.5 \sim 4$[m/s]로, 베어링 압력 $p = 3$ MPa 이내의 경우 p는 축의 마찰손에는 영향을 주지 않는다(단, p는 베어링의 $d \times l$ [m^2]에 작용하는 압력). 또, 기름의 온도가 $16 \sim 50$℃ 사이에서 **마찰손**은 섭씨로 나타낸 기름의 온도에 반비례하고, $d \times l$에 비례하며 $v^{1.5}$에 비례한다.

베어링 마찰손 W_b[W]의 실험에 의한 예를 다음 식에 나타낸다.

중형기의 경우

$$W_b = \frac{26}{t} dlv^{1.5} \text{ [W]} \tag{11.23}$$

대형기의 경우

$$W_b = 2.3l\sqrt{\eta pd\left(1 + 4\frac{d}{l}\right)}\, v^{1.5} \text{ [W]} \tag{11.24}$$

η는 기름의 온도에 의해

$$\sqrt{\eta} = \frac{50}{t}\sqrt{\eta_{50}} \tag{11.25}$$

여기서, η_{50}: 50℃에 있어서의 점도로 $0.015 \sim 0.02$ Pa · s

2. 볼 베어링 볼 베어링에 대해서

$$W_b = 0.15\frac{P}{D}v \text{ [W]} \tag{11.26}$$

여기서, P: 베어링이 받는 회전 부분의 중량 [N], D: 볼의 중심을 통과하는 원의 직경 [m], v: 축의 주속 [m/s]

11.4.2 브러시 마찰손

브러시의 마찰손 W_s[W]에 관해 식 (11.27)으로 주어진다.

$$W_s = \mu p F v \text{ [W]} \tag{11.27}$$

여기서, μ: 마찰 계수, p: 브러시 압력[MPa] = 1 ~ 1.5 MPa, F: 브러시 마찰 면적 [m^2], v: 주속 [m/s]

마찰 계수는 주속의 증가에 따라 약간 감소한다.

11.5 풍 손

회전 전기기기에서 회전자와 그 주위의 냉각 매체 사이의 마찰손을 **풍손**이라 한다. 풍손을 정확히 계산하는 것은 어려우므로 기존의 유사한 기계에 대한 실측 결과를 이용하는 것을 추천한다.

통풍에 필요한 동력 W_l[W]은 풍량과 회전 부분 바깥 둘레의 속도 등을 결정한다.

$$W_l = 1.1 Q v^2 \text{ [W]} \tag{11.28}$$

여기서, Q: 냉각 공기량 [m^3/s], v: 풍속 [m/s]

Q는 풍속에 비례하기 때문에 자기 통풍형 전기기기에서의 풍손은 v^3에 비례한다. 필요한 공기량은 정격 1 kW 당 0.03 ~ 0.15m^3/min으로, 저온의 회전기에서는 손실 1 kW당 3m^3/min, 고온에서는 손실 1kW당 2 ~ 2.5m^3/min이다.

타력 통풍형 전기기기에서 통풍에 필요한 동력 W_l[W]은 다음 식에서 주어진다.

$$W_l = 9.81 \frac{H}{\eta} Q \text{ [W]} \tag{11.29}$$

여기서, H: 통풍에 필요한 압력 [수중 mm], η: 통풍기 효율, Q: 통풍량 [m^3/s]

소요 압력 H는 저속도기계 $v = 15$ m/s, $30 < H < 50$

고속도기계 $v = 80$ m/s, $50 < H < 100$

11.6 표류부하손

전기기기의 철손 및 저항손에는 부하 상태에 대해서만 발생하여 무부하시의 측정에서는 구할 수 없는 손실이 있는데, 이것을 일괄해 **표류부하손**이라고 하며 각 기종별 정의 규약 아래에 추정하는 방법을 취한다.

1. 직류기 JEC-2120(2000)에 의해 규약 효율을 산정하기에 앞서 표류부하손은 전류의 제곱으로 변하는 것으로 하며, 그 값은 최대의 정격 전류에 대해 다음과 같이 정해져 있다.

보상코일이 없는 직류 발전기에서는 기준 출력의 1%

보상코일이 없는 직류 전동기에서는 기준 입력의 1%

보상코일이 있는 직류 발전기에서는 기준 출력의 0.5%

보상코일이 있는 직류 전동기에서는 기준 입력의 0.5%

기준 입력, 기준 출력으로서는 (a) 일정 속도에서 최대 정격 전류, 최고 정격전압에서의 전기자 입력 또는 출력, (b) 전압 제어법에 따라 속도를 가감하는 가감 속도 전동기 및 계자제어법에 따라 속도를 가감하는 가감 속도 전동기 또는 계자제어법에 따라 정전압 제어를 하는 변속도 발전기에 대해서는「직류기」표준 규격 JEC 2120(2000)의 8.2.4를 참조하면 된다.

2. 동기기 동기기 표준 규격 JEC-2130(2000)에 따라 실측에 의해 이 손실을 분리할 수 있다. 실험상 표류부하손은 전기자 I^2R 손실의 10~70% 범위이다.

3. 유도전동기 JEC-2137(2000)에 따라 규약 효율을 산출하는 경우는 출력 P[W] 때 $0.005P^2/P_n$으로 정해져 있다. 단, P_n은 정격 출력[W]이다.

실부하 시험 등에 의해서 산출 가능한 경우, JEC 2137(2000)의 8.3, 8.5, 8.6을 참조하면 된다.

4. 변압기 JEC-2200(1995)에는 표류부하손의 산출 방법을 정하지 않았다. 실험으로 표류부하손을 포함한 부하손을 측정할 수 있다. 실험상 표류부하손의 값은 I^2R 손실의 3~10%이다.

11.7 효 율

1. 효율의 정의 전기기기의 효율이란 킬로와트 출력과 킬로와트 입력의 비를 말하며 (JEC-2100) 보통 백분율로 나타낸다.

$$\text{효율 } \eta = \frac{\text{출력[kW]}}{\text{입력[kW]}} \times 100 \ [\%] \tag{11.30}$$

역률이 1.0이 아닌 교류기의 경우, 역률을 고려해야 한다. 그러나 유도전동기와 같이 각 부하에 대해 역률과 킬로와트 입력의 관계가 자연히 정해진 것에서는 역률을 고려할 필요는 없다.

2. 종합 효율 2개 이상의 전기기기로 편성된 기기의 효율을 한 번에 나타낸 것을 종합 효율이라고 한다. 예를 들어, 전동 발전기의 종합 효율 = 전동기의 효율 × 발전기의 효율이다.

3. 실측 효율과 규약 효율 효율의 산출 방법에 의해서 실측 효율과 규약 효율로 나눈다.

실측 효율이란 그 기기에 실제 부하를 거쳐 그 입력과 출력을 직접 측정하고 이것에 의해서 산출한 효율이다. **규약 효율**이란 약정된 방법에 따라서 기기의 손실을 측정 또는 산정하여, 이것에 근거해 어느 출력(또는 입력)에 대한 입력(또는 출력)을 구하여 산출한 효율을 말한다.

출력 및 손실의 측정에 의한 경우

$$\text{효율 } \eta = \frac{\text{출력}}{\text{출력} + \text{손실}} \times 100 \ [\%] \tag{11.31}$$

입력 및 손실의 측정에 의한 경우

$$\text{효율 } \eta = \frac{\text{입력} - \text{손실}}{\text{입력}} \times 100 \ [\%] \tag{11.32}$$

유도전동기의 등가회로법에 따르는 효율도 규약 효율이다.

보통의 경우, 특히 지정된 계산이 없는 경우는 규약 효율에 따르는 것으로 규정되어 있다.

또한, 규약 효율의 산정에서 저항손은 권선 온도가 기준 권선 온도(표 11.2)에 있는 것으로써 산출할 필요가 있다. 또, 실측 효율의 산정의 경우 특별히 온도 지정은 없지만 상당 시간 연속 운전한 상태로 만들어 측정해야 한다.

표 11.2

온도상승한도 적용 시 절연등급	기준 권선 온도[℃]
105(A), 120(E)	75
130(B)	95
155(F)	115
180(H)	130

11.8 손 율

동기 조상기와 같이 유효 출력이 0인 기기에서는 효율에 대한 성능을 논할 수 없기 때문에 외관상의 입력, 즉 정격 용량에 대한 손실 W[W]의 백분율, **손율**로서 나타내는 일이 있다. 예를 들어, 3상 조상기의 경우 다음 식에서 주어진다.

$$손율 = \frac{W}{\sqrt{3}\,EI} \times 100\ [\%] \tag{11.33}$$

제 12 장 사용 및 정격

12.1 서 론

전기기기의 온도 상승은 부하 상태, 지속 시간 등에 의해서 크게 다르다. 그 동작 양식을 사용이라고 하여 회전기에서는 10종류로 분류하고 있고 정격과 밀접한 관계가 있어 기기의 용량을 결정하기 위한 기초가 된다.

규격 JEC-2100에 따르고, 부하의 크기, 변화하는 순서, 각 부하의 접속 시간 동안 동작 상태를 10종류, S1으로부터 S10으로 분류되고 있다.

1. 연속 사용(S1), 그림 12.1 참조　일정한 부하로 열적 평형에 이르는 시간 이상으로 연속해 운전하는 사용을 말한다.

2. 단시간 사용(S2), 그림 12.2 참조　일정한 부하로 열적 평형에 이르지 않는 범위에서 지정된 시간에 계속 운전한 후, 회전기를 정지해 다음 시동 시까지 회전기 온도와 냉매 온도와의 차이가 2K 이내까지 강하하는 사용을 말한다.

3. 반복 사용(S3), 그림 12.3 참조　일정한 부하의 운전시간 및 무전압 정지시간을 한 주기로서 이것을 반복하는 사용을 말한다. 이 경우, 운전시간, 정지시간은 각각 열적 평형에 이르는 시간보다 짧고, 또 시동 및 전기 제동 조건이 온도 상승에게 주는 영향은 무시할 수 있다.

4. 시동의 영향이 있는 반복 사용(S4), 그림 12.4 참조　온도 상승에 영향을 주는 시동 시간, 일정한 부하의 운전시간 및 무전압 정지시간을 한 주기로서 이것을 반복하여 사용한다. 이 경우, 운전시간, 정지시간은 각각 열적 평형에 이르는 시간보다 짧고, 또 제동 조건이 온도 상승에게 주는 영향은 무시할 수 있다.

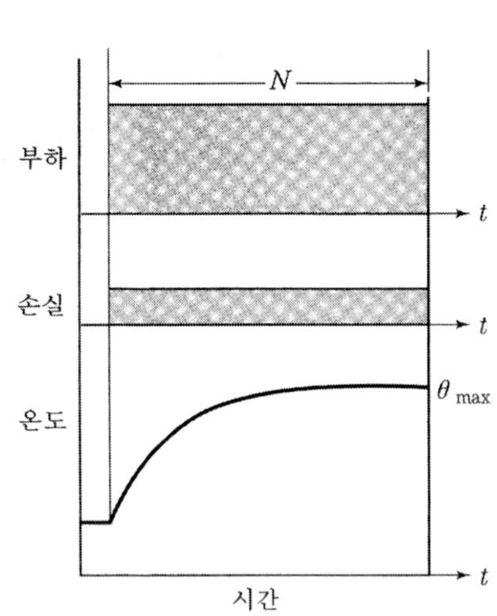

N: 일정 부하로의 운전시간

θ_{max}: 운전 중 최고 온도

그림 12.1 연속 사용(S1)

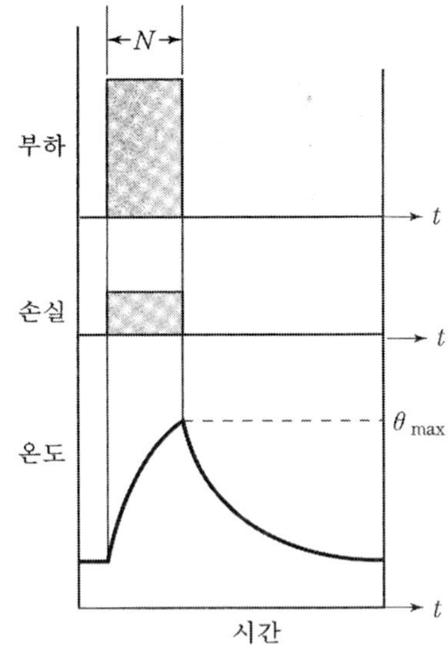

N: 일정 부하로의 운전시간

θ_{max}: 운전 중 최고 온도

그림 12.2 단시간 사용(S2)

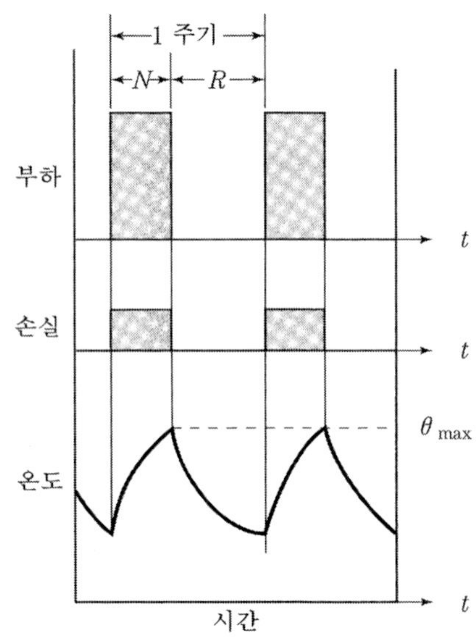

N: 일정 부하로의 운전시간

R: 정지 후 전압이 인가되지 않는 시간

θ_{max}: 운전 중 최고 온도

$$\text{부하시간율} = \frac{N}{N+R}$$

그림 12.3 반복 사용(S3)

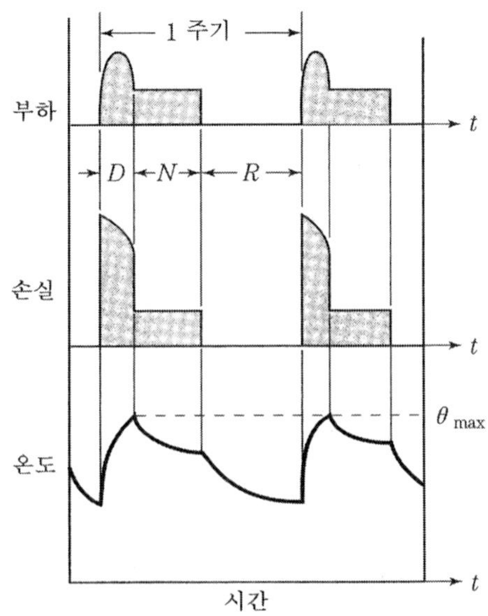

D: 시동 시간

N: 일정 부하로의 운전시간

R: 정지 후 전압이 인가되지 않는 시간

θ_{max}: 운전 중 최고 온도

$$\text{부하시간율} = \frac{D+N}{D+N+R}$$

그림 12.4 시동의 영향이 있는 반복 사용(S4)

5. 전기제동을 포함한 반복 사용(S5), 그림 12.5 참조　　온도 상승에 영향을 주는 시동시간, 일정 부하의 운전시간, 온도 상승에 영향을 주는 전기제동시간 및 무전압 정지시간을 한 주기로서 이것을 반복하여 사용한다. 이 경우, 운전시간, 정지시간은 각각 열적 평형에 이르는 시간보다 짧게 한다.

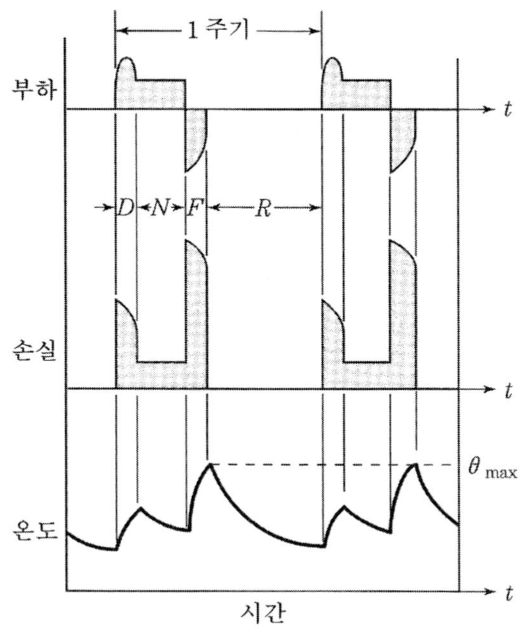

D : 시동 시간

N : 일정 부하로의 운전 시간

F : 전기제동 시간

R : 정지 후 전압이 인가되지 않는 시간

θ_{max} : 운전 중 최고 온도

$$\text{부하시간율} = \frac{D+N+F}{D+N+F+R}$$

그림 12.5 전기제동을 포함한 반복 사용(S5)

6. 반복 부하 연속 사용(S6), 그림 12.6 참조　　일정 부하의 운전시간 및 무부하 운전시간을 한 주기로서 이것을 반복하여 사용한다. 이 경우 무전압 정지시간이 없고 운전시간, 무부하 운전시간은 각각 열적 평형에 이르는 시간보다 짧고, 또 시동 및 전기 제동 조건은 온도 상승에게 주는 영향은 무시할 수 있다.

7. 전기제동을 포함한 반복 부하 연속 사용(S7), 그림 12.7 참조　　온도 상승에 영향을 주는 시동시간, 일정 부하의 운전시간, 온도 상승에 영향을 주는 전기제동시간을 한 주기로서 이것을 반복하여 사용한다. 이 경우 무전압 정지시간이 없고, 운전시간은 열적 평형에 이르는 시간보다 짧다.

8. 변속도 반복 부하 연속 사용(S8), 그림 12.8 참조　　둘 이상이 다른 회전 속도에 각각 대응하는 일정한 부하의 운전시간을 한 주기로 하여 이것을 반복하여 사용한다. 이 경우 무전압 정지시간이 없고, 각각의 회전 속도로 운전하는 시간은 열적 평형에 이르는 시간보다 짧다.

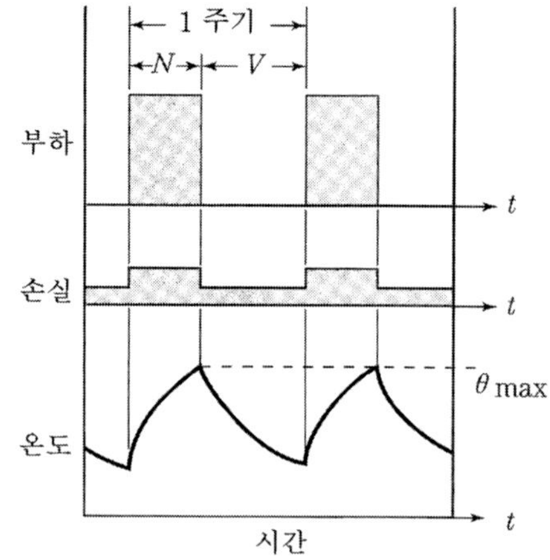

N: 일정 부하로의 운전 시간

V: 무부하 운전 시간

θ_{max}: 운전 중 최고 온도

$$\text{부하시간율} = \frac{N}{N+V}$$

그림 12.6 반복 부하 연속 사용 (S6)

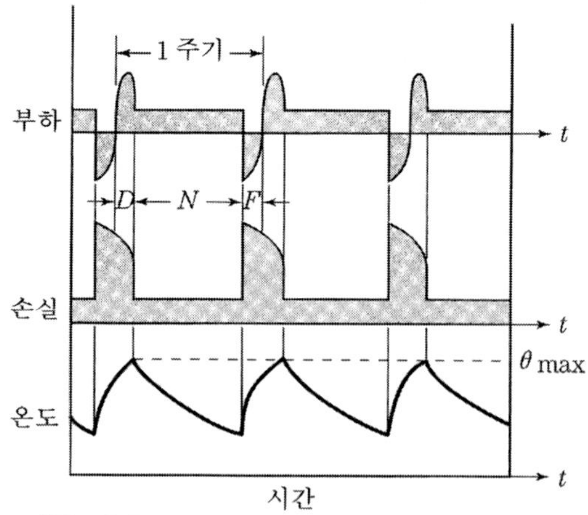

D: 시동 시간

N: 일정 부하로의 운전 시간

F: 전기제동 시간

θ_{max}: 운전 중 최고 온도

부하시간율 = 1

그림 12.7 전기제동을 포함한 반복 부하 연속 사용(S7)

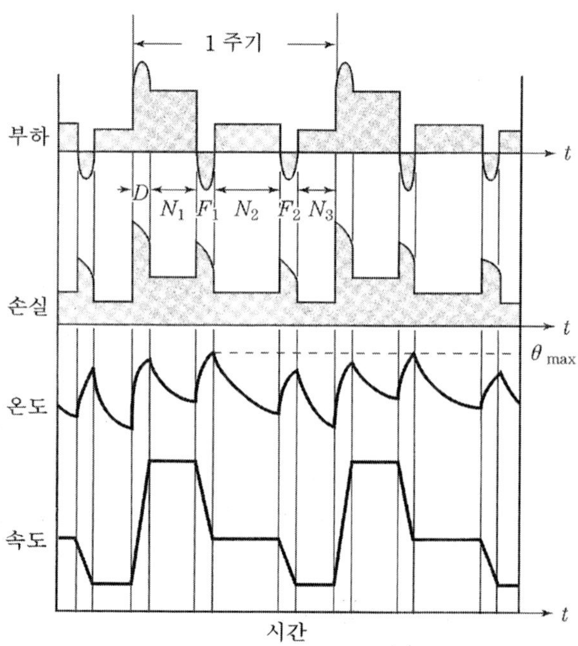

D: 가속 시간

N_1, N_2, N_3 : 각 속도에 대응하는 일정 부하로의 운전시간

F_1, F_2 : 각 속도에 대한 전기제동 시간

최고 속도에 대한 부하시간율

$$= \frac{D+N_1}{D+N_1+F_1+N_2+F_2+N_3}$$

중간 속도에 대한 부하시간율

$$= \frac{F_1+N_2}{D+N_1+F_1+N_2+F_2+N_3}$$

최저 속도에 대한 부하시간율

$$= \frac{F_2+N_3}{D+N_1+F_1+N_2+F_2+N_3}$$

그림 12.8 변속도 반복 부하 연속 사용 (S8)

9. 불규칙한 부하 및 속도 변화를 동반하는 사용(S9) 보통, 부하 및 속도가 허용 사용범위 내에서 불규칙하게 변화하는 사용을 말하며, 기준 부하를 넘는 과부하가 자주 생기는 경우도 포함한다. 이 경우 과부하의 기준을 정하기 위해 사용한 S1에 근거하여 적절히 선택한 일정 부하의 값을 기준 부하로 한다.

10. 다단계 일정 부하/속도 사용(S10) 특정 수의 다른 부하(또는 동등한 부하) 및 속도로부터 구성하여 사용하며, 각 부하로의 운전은 회전기가 열적 평형에 이르기에 충분한 시간을 유지한다. 부하 주기에 있어서 부하의 최저치는 0(무부하 운전상태 또는 무전압 정지상태)이라도 좋다.

11. 부하 시간율 반복 사용 또는 반복 부하 연속 사용에 대해 한 주기에 차지하는 부하시간의 비율을 말하며, 온도 상승에 영향을 주는 시동(또는 가속 시간) 및 전기제동 시간이 있는 경우는 부하시간에 더한다.

12.2 정 격

전기기기에서는 권선이나 철심 등에 대해서 온도 상승의 허용 한도가 정해져 있다(5.4절 참조). 이 온도 상승 한도를 넘어 사용하면 열적 열화는 진행되지 않고 어느 정도 범위에서 수명을 유지할 수 있다. 또한, 온도 말고도 성능 저하의 여러 원인을 생각할 수 있으므로, 사용을 제한하여 그 한도를 보증할 필요가 있다. 이 보증된 사용 한도를 정격이라고 한다.

한도는 출력뿐만 아니라, 전압, 회전속도, 주파수 등에 있어 각각 정격출력, 정격전압, 정격회전속도, 정격 주파수 등이라고 하여 그 값을 명판에 표시해야 한다.

정격출력은 직류 발전기에서는 전기자권선 단자에 있어서의 정격출력을 와트 [W], 교류발전기에서는 와트 [W] 또는 볼트 암페어 [VA]에 역률을 함께 나타낸다.

전동기의 정격출력은 축으로 얻을 수 있는 기계적 출력을 와트 [W]로 나타낸다. 조상기의 경우 전기자 단자에 있어서 정격 용량을 볼트 암페어 [VA] 또는 바 [var]로 나타낸다. 변압기의 경우 2차 권선 단자로 얻을 수 있는 피상 전력 볼트 암페어 [VA]를 정격 용량이라고 한다. 정격의 종류는 연속정격, 단시간정격, 반복정격, 등가 부하정격이다(JEC-2100).

1. 연속정격 지정 조건 아래에서 연속 사용할 경우 그 기기의 표준 규격(일반적으로 JEC)에 규정된 온도 상승 한도를 초과하지 않고, 그 외의 제한, 예를 들면 정류, 진동, 소음 등의 특성이 나빠지지 않는 정격을 연속정격이라고 말한다.

2. 단시간정격 차가운 상태(냉매와 같은 온도 상태)로부터 시작해 지정된 일정 단시간 지정 조건 아래에서 사용할 경우 그 기기의 표준 규격에 규정된 온도 상승 한도를 초과하지 않고, 그 외의 제한에 어긋나지 않는 정격을 단시간정격이라고 한다. 시간의 표준치는 10, 30, 60 또는 90분으로 한다(JEM).

3. 반복정격 지정 조건 하에서 반복 사용을 할 때 기기의 표준 규격에 규정된 온도 상승 한도를 초과하지 않고, 그 외의 제한에 어긋나지 않는 정격을 반복정격이라고 한다.

4. 등가 부하정격 지정 조건 하에서 반복 사용을 할 때 주문자와 제조자와의 협의에 의한 사용과 다른 열적 등가인 연속 사용 또는 단시간 사용으로 바꿀 수 있다. 이렇게 대체 사용에 대한 시험을 실시했을 때 기기의 표준 규격에 규정된 온도 상승 한도를 초과하지 않고, 그 외의 제한에는 어긋나지 않는 정격을 각각 등가 연속정격과 등가 단시간정격이라고 한다.

제 13 장 치수의 결정

13.1 서 론

회전기에는 직류기, 동기기, 유도기 등이 있지만, 기능적으로는 모두 전기 에너지와 기계 에너지의 상호 변환을 하는 것이며 원리적으로는 전자 유도를 이용하는 것이다. 구조는 회전자와 고정자로 구성되며 이러한 설계는 모두 공통의 기초로부터 출발한다.

에너지의 이동이 공극에서 이루어진다고 생각하면 회전기의 주요 치수는 전기자 철심의 직경 D[m]와 전기자 철심의 길이 L[m]이다.

설계 시 요구된 조건을 만족시키면서 D 및 L의 최적치를 결정해야 하나, 조건이 많을 때는 곤란하다. 여기서는 가장 중요한 인자로서 용량 P[W]와 회전속도 n[min^{-1}]을 고려하며 용량에 관한 기본 식을 조사해 보자.

13.2 출력 방정식

교류기 1상의 유도기전력 E를 정현파로 하면 식 (7.17)에 의해

$$E = \frac{\pi}{2\sqrt{2}} k_w w f \Phi \times 4, \quad f = p\frac{n}{60} \tag{13.1}$$

여기서, Φ: 한 극의 자속수 [Wb], w: 1상의 직렬턴 수, k_w: 권선계수, f: 주파수 [Hz]

따라서 선전류를 I로 하면 m상의 용량 P[VA]는

$$\begin{aligned} P &= mEI \\ &= \frac{\pi}{2\sqrt{2}} k_w (2mwI)(2p\Phi)\frac{n}{60} \end{aligned} \tag{13.2}$$

여기서, 공극 자속 분포 기본파 성분의 평균치 B_a와 공극 원주 방향의 단위 길이당의 도체 전류 ac는

$$B_a = \frac{2p\Phi}{\pi DL} \text{ [T] (비자기장하)} \tag{13.3}$$

$$ac = \frac{2mwI}{\pi D} \text{ [A/m] (비전기장하)} \tag{13.4}$$

이므로, 이것을 식 (13.2)에 대입해 식 (13.5)를 얻는다.

$$\begin{aligned} P &= \frac{\pi}{2\sqrt{2}} k_w (\pi Dac)(\pi DLB_a)\frac{n}{60} \\ &= KD^2Ln \end{aligned} \tag{13.5}$$

여기서,

$$K = \frac{\pi}{2\sqrt{2}} \cdot \frac{\pi^2}{60} k_w ac \cdot B_a \left[\frac{\text{VA}}{\text{m}^3 \cdot \text{min}^{-1}}\right] \tag{13.6}$$

식 (13.5)를 **출력 방정식**이라고 한다.

직류기에서 유도기전력 E는 식 (7.38)에 의해

$$E = \frac{Z}{2a}(2p\Phi)\frac{n}{60} \tag{13.7}$$

따라서 선전류를 I로 하면, 용량 P[W]는

$$P = EI = \left(\frac{1}{2a}ZI\right)(2p\Phi)\frac{n}{60} \tag{13.8}$$

교류기와 같이 생각하면

$$ac = \frac{\frac{1}{2a}ZI}{\pi D} \tag{13.9}$$

$$B = \frac{2p\Phi}{\pi DL\alpha}, \ \alpha\text{: 극호율} \tag{13.10}$$

이기 때문에

$$P = (\pi Dac)(\alpha\pi DLB)\frac{n}{60} \\ = K'D^2L \cdot n \tag{13.11}$$

여기서,

$$K' = \alpha\frac{\pi^2}{60}ac \cdot B \left[\frac{\mathrm{W}}{\mathrm{m}^3 \cdot \mathrm{min}^{-1}}\right] \tag{13.12}$$

K 및 K'을 출력 계수라고 하며, 비슷한 조건에서는 거의 일정하고, 용량은 D^2Ln에 비례하는 것을 알 수 있다.

13.3 출력 계수

식 (13.5)를 고쳐 쓰면 출력 계수는

$$K = \frac{P}{D^2Ln} \tag{13.13}$$

이 된다. 회전기를 소형화하려면 D^2L을 작게, 즉, 출력 계수 K를 가능한 크게 하는 것이다. 한편, 식 (13.6)보다

$$K = C \cdot ac \cdot TB \tag{13.14}$$

의 관계가 있으므로, 결국, 비자기장하(자속밀도 B) 및 비전기장하(ac)를 크게 하게 된다.

또한, C의 값은 B값으로 최대 자속밀도 B_m을 이용하면 0.1~0.11 정도이다.

13.3.1 자속밀도의 제한값

전기자 표면의 자속은 자극의 형식이나 슬롯이 차지하는 비율에 의해서 기자력 분포가 정해지며 자속밀도가 균일하지 않아 평균 자속밀도를 고려할 수 있다. 이것을 **비자기장하**(식 (13.3) 참조)라고 한다.

$ac \cdot B$의 최대치는 슬롯과 치의 폭이 비슷할 때 얻을 수 있으므로 치의 자속밀도의 약 1/2이 공극의 자속밀도가 된다.

철심의 포화를 생각해 치의 자속밀도를 약 2 T로 하면 공극의 자속밀도, 즉 비자기장하의 최대치는 약 1 T라고 할 수 있다.

13.3.2 도체의 전류 제한값

비전기장하 ac(식 (13.4) 참조)는 전류밀도를 일정하게 하면서 슬롯을 깊게 하면 크게 할 수 있지만, 슬롯 내 동손이 늘어나 온도 상승(식 (4.38) 참조)이 높아지며, 슬롯이 깊으면 누설자속(식 (9.12) 참조)이 커져, 특성에 나쁜 영향을 미친다. 일반적으로 같은 극수라면 D에 비례해 깊게 할 수 있지만, D의 증대에 대해서 그 깊이는 포화의 경향을 나타낸다. 전류밀도, 슬롯 내의 도체 점적률, 냉각 방식 등에 의해 크게 변화하지만, 최대 100kA/m 정도도 가능하다.

13.3.3 평균 회전 추진력과의 관계

전기자 직경 D[m] 및 전기자 철심길이 L[m]에 의한 전기자 바깥의 단위 면적당 전기자 주위의 접선방향의 힘 F[N]의 평균 회전 추진력을 σ[N/m^2]로 하면

$$\sigma = \frac{F}{\pi DL} = \frac{2T}{\pi D^2 L} = \frac{1}{\pi^2} \cdot \frac{P}{\frac{n}{60} D^2 L} \tag{13.15}$$

여기서, $T = F \cdot \frac{D}{2}$, $P = T \cdot \omega$(교류기는 역률 = 1로 한다), $\omega = 2\pi \frac{n}{60}$

식 (13.5)와 식 (13.15)에서

$$\sigma = k_R k_w ac \cdot B_a = \frac{60}{\pi^2} K \tag{13.16}$$

가 되어 평균 회전 추진력은 전기자 바깥의 단위 면적을 얼마나 유효하게 전자적으로 이용하고 있는가를 나타낸다. 또, 출력 계수 K에 비례하고 있으므로 출력 계수의 물리적 의미도 명확하다.

13.3.4 한계 출력

회전기의 제조 가능한 단위 용량은 기계적인 조건도 고려해야 한다. 주로 회전자에 작용하는 것은 원심력이기 때문에 회전자의 주변 속도를 고려하기로 한다.

회전자의 주변 속도 v[m/s]는 다음 식과 같다.

$$v = \pi D \frac{n}{60} \tag{13.17}$$

따라서 출력 방정식(식 (13.5), (13.14) 참조)과 조합해 다음 식을 얻을 수 있다.

$$\begin{aligned} nP &= \left(\frac{60}{\pi}\right)^2 C \cdot ac \cdot B_a L v^2 \\ &\fallingdotseq 38 \times ac \cdot B_a L v^2 \ [\mathrm{VA \cdot min^{-1}}] \end{aligned} \tag{13.18}$$

최대치의 예로서 $ac = 100 \times 10^3\ \mathrm{A/m}$, $B_m = 1.0\ \mathrm{T}$, $v = 130\ \mathrm{m/s}$, $L = 4\mathrm{m}$를 대입하면

$$nP \fallingdotseq 2.5 \times 10^{11}\ \mathrm{VA \cdot min^{-1}} = 2.5 \times 10^5\ \mathrm{MVA \cdot min^{-1}}$$

가 얻어져 $500\ \mathrm{min^{-1}} - 500\ \mathrm{MVA}$가 제조 가능한 용량인 것을 알 수 있다. 직류기에서 불꽃 문제 때문에 정류자편 사이의 전압이 제한된다. 정류자편 사이의 전압 $e = 2 \times B_a L v$를 식 (13.18)에 대입하면

$$nP = 60 \cdot ac \cdot \frac{e}{2} v \tag{13.19}$$

이 된다.

주변 속도 v는 구조상 $60\ \mathrm{m/s}$ 정도이며, 비전기장하 ac는 정류, 온도 상승의 점으로부터 $50\ \mathrm{kA/m}$이기 때문에

$$nP = 60 \times 50 \times 10^3 \times \frac{20}{2} \times 60 = 1.8 \times 10^9\ [\mathrm{W \cdot min^{-1}}] \tag{13.20}$$

가 얻어져 $600\ \mathrm{min^{-1}} - 3{,}000\ \mathrm{kW}$인 예를 구할 수 있다.

이중권을 이용하면 정류자편 사이의 전압을 1/2로 할 수 있으므로, 이론적으로는 중권을 이용했을 경우에 비해 한계 출력은 2배가 된다.

13.3.5 전기장하와 자기장하

식 (13.3), 식 (13.4)를 고쳐 쓰면

$$2p\Phi = \pi D L \cdot B_a \ (\text{자기장하}) \tag{13.21}$$

$$2pA = \pi D \cdot ac \text{ (전기장하)} \tag{13.22}$$

여기서, Φ: 극당 자속, A: 극당 도체의 전류

출력 방정식(식 (13.5))을 고쳐 쓰면

$$P = \frac{\pi}{2\sqrt{2}} k_w (2pA)(2p\Phi)\frac{n}{60}$$

즉, 출력은 (전기장하)×(자기장하)에 비례한다. 전기장하와 자기장하의 비는 이론상으로 어떠한 값도 취할 수 있지만, 실제 기기에서는 경험에 의한 범위에서 정한다. 전기장하와 자기장하는 전류에 의한 전기회로와 자속에 의한 자기회로가 서로 밀접한 관계가 있어 독립적으로 결정할 수 없으며, 전기장하는 구리 중량에, 자기장하는 철심 중량에 관계하고 있다. 전기장하의 비율이 큰 기기를 **동기계**라고 하며 일반적으로 외경이 작고 값이 싸지만, 리액턴스가 크다. 자기장하의 비율이 큰 기계를 **철기기**라고 하며 외경이 크고 과부하에 강해 안전도가 높다.

여기서 $\Phi = C_0 A^{\gamma}$라 두면, $\gamma = 1$일 때는 Φ/A는 일정하여 소형기에 적절하다.

$\gamma = 2$일 때는 Φ/A^2가 일정하여 Φ는 치수의 제곱, A는 치수에 비례해 변화한다고 생각할 수 있어 ac가 D에 무관계하게 되어 대형기에 적절하다. 통계에 의하면 γ는 1~2 사이의 적절한 값으로 기종별로 정리되고 있다.

13.3.6 전기자 직경의 결정

출력 P와 회전속도 n이 정해져 출력 계수 K를 정하는 것에 의해서 $D^2L[\mathrm{m}^3]$의 값이 필요하다. L은 특별한 제약이 없는 경우 경제성을 고려하여 철심길이/극피치 $= L/(\pi D/2p)$로 나타나는 비를 기종별, 사양별로 경험으로부터 선택해 D와 L을 구한다.

제조사별로 철판 제조의 표준형을 결정해 임의의 D의 선택은 하지 못하므로 출력 변화는 길이로 조정하고 있다.

또한, 장하분배법에 따라 전기장하 A와 자기장하 Φ의 분배를 실시하고, 비전기장하 ac, 비자기장하 B_a를 선택하여 D, L를 구한다. 즉, 식 (13.21)과 식 (13.22)에 따라

$$D = \frac{2pA}{\pi \cdot ac},\quad L = \frac{2p\Phi}{\pi D \cdot B_a} \tag{13.23}$$

가 된다.

제 14 장 기계적 설계

14.1 서 론

전기기기는 하나의 구조물이다. 그러나 보통의 기계적 구조물과 달리 권선, 자극, 계철 등이 있어 그것들이 기계적 관점에서 충분한 힘을 갖도록 하는 설계가 필요하다.

기계 설계의 지식이 중요하지만 이 책에서는 중요한 요구 사항만 다루므로 자세한 것은 기계 설계의 전문 서적을 참조하길 바란다.

14.2 축

축은 기계의 출력에 상당한 기계적 토크를 전달함과 동시에 회전자의 무게를 떠받치는 역할을 한다. 따라서 축의 설계에 임해서는 다음 조건을 만족해야 한다.

(1) 전달하는 토크에 대해서 충분한 굵기를 가지는 것.

(2) 회전 부분의 무게에 대해서 충분한 강도를 가지는 것.

(3) 굴곡이 한도 내에 있는 것. 보통, 회전기의 공극의 굴곡은 공극의 1/10 이내(대형기에서는 1/20 이내)로 되어 있으며 굴곡을 이 한도 내로 해야 한다.

(4) 또한, 고속기에 대해서는 정격속도가 임계속도에 대해 ±20%에 있는 것.

14.2.1 축의 직경의 결정

1. 비틀림 모멘트 비틀림 모멘트를 따라 축 지름을 결정하면

$$d = \sqrt[3]{\frac{16 \times 10^{-6} T}{\pi \tau}} \ [\mathrm{m}] \tag{14.1}$$

여기서, d: 축의 직경 [m], T: 비틀림 모멘트 [N · m], τ: 사용 전단 응력(상용 응력=40~50 MPa, 안전계수=8)

2. 휨 모멘트　휨 모멘트를 따라 축 지름을 결정하면

$$d = \sqrt[3]{\frac{32 \times 10^{-6} M}{\pi \sigma}} \ [\mathrm{m}] \tag{14.2}$$

여기서, M: 휨 모멘트 [N · m], σ: 축의 사용 응력으로, 인장과 압축 중 약한 것을 취한다(상용 응력 $= 50 \sim 70\,\mathrm{MPa}$, 안전계수$= 8$).

3. 비틀림 모멘트와 휨 모멘트　비틀림 모멘트와 휨 모멘트를 동시에 받는 축의 계산은

등가 비틀림 모멘트: $$T_e = \sqrt{M^2 + T^2} \ [\mathrm{N \cdot m}] \tag{14.3}$$

등가 휨 모멘트: $$M_e = \frac{1}{2}\left(M + \sqrt{M^2 + T^2}\right) [\mathrm{N \cdot m}] \tag{14.4}$$

를 산출하여 식 (14.1) 또는 식 (14.2)에 의해서 축 지름을 결정한다.

4. 동력의 전달　정격부하 P[kW]를 전달하는 축 지름은 다음과 같이 구할 수 있다.

$$P = \frac{2\pi n T}{60} \times 10^{-3} \tag{14.5}$$

여기서, T: 토크 [N · m], n: 회전속도 [min^{-1}]

$$\therefore T = \frac{9{,}550 P}{n} \tag{14.6}$$

$\tau = 40\,\mathrm{MPa}$라면 d는 다음과 같이 구할 수 있다.

$$d = \sqrt[3]{\frac{16 \times 10^{-6} \times T}{\pi \tau}} = \sqrt[3]{\frac{16 \times 10^{-6} \times 9{,}550 P}{\pi n \times 40}} = 0.107 \times \sqrt[3]{\frac{P}{n}} \ [\mathrm{m}] \tag{14.7}$$

5. 축의 굴곡　축의 굴곡은 다음 계산으로부터 구할 수 있다. 회전자의 하중은 철심, 정류자, 슬립링이 각각 그 중심에 집중한다고 생각한다. 그림 14.1은 균일 직경인 세 하중의 예이다. 우선 하중 W_1[N]에 대해 굴곡을 요구한다. 점 x_1의 굴곡을 d_1[m]라고 하면

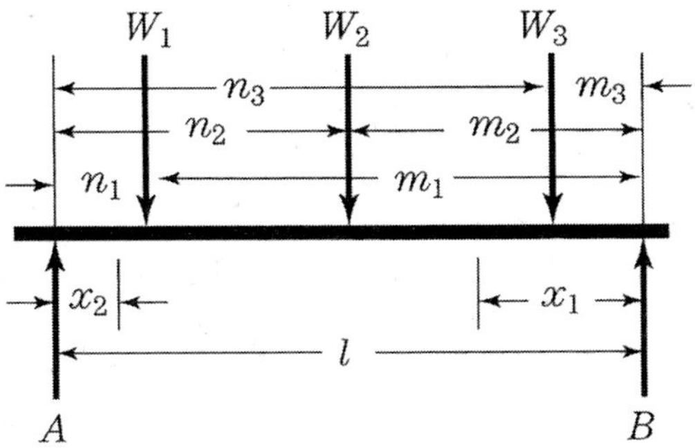

그림 14.1 축의 설계

$$d_1 = \frac{W_1 n_1 x_1}{6IEl}(m_1^2 + 2m_1 n_1 - x_1^2) \times 10^{-9}\ [\mathrm{m}] \tag{14.8}$$

여기서, I: 단면 2차 모멘트 $[\mathrm{m}^4]$, E: 탄성 계수$= 200\ \mathrm{GPa}$

마찬가지로 하중 W_2에 의한 점 x_1의 굴곡을 d_1'라고 하면

$$d_1' = \frac{W_2 n_2 x_1}{6IEl}(m_2^2 + 2m_2 n_2 - x_1^2) \times 10^{-9}\ [\mathrm{m}] \tag{14.9}$$

또한, 하중 W_3에 의한 점 x_1의 굴곡을 d_1''라고 하면

$$d_1'' = \frac{W_3 m_3}{6IEl}(l - x_1)\left\{n_3^2 + 2m_3 n_3 - (l - x_1)^2)\right\} \times 10^{-9}\ [\mathrm{m}] \tag{14.10}$$

이때, 점 x_1의 W_1, W_2, W_3의 세 하중 [N]에 대한 전굴곡 $d\,[\mathrm{m}]$는

$$d = d_1 + d_1' + d_1''\ [\mathrm{m}] \tag{14.11}$$

이다.

14.2.2 축 하중과 베어링 압력

그림 14.2에 나타내는 두 베어링 식의 축으로 붙고, W_1, W_2, W_3[N]의 세 하중은 모두 동일 평면상에 작용하는 것이라고 가정하면, 굽힘 모멘트 M은 거의 중앙에 나타난다. 여기서 만약 W_1, W_2 사이가 중앙이면,

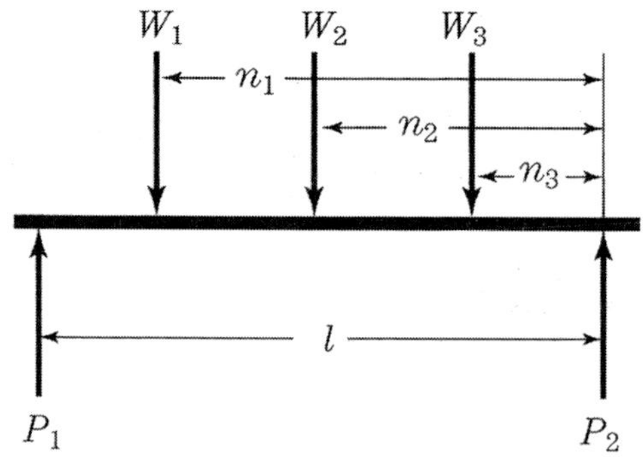

그림 14.2 베어링식의 축

$$M = P_1 \frac{l}{2} - \left(n_1 - \frac{l}{2}\right) W_1 \ [\mathrm{N} \cdot \mathrm{m}] \tag{14.12}$$

만약 W_2, W_3 사이가 중앙이면,

$$M = P_2 \frac{l}{2} - \left(\frac{l}{2} - n_2\right) W_3 \ [\mathrm{N} \cdot \mathrm{m}] \tag{14.13}$$

베어링 압력 P_1, P_2는

$$P_1 = (n_1 W_1 + n_2 W_2 + n_3 W_3) \frac{1}{l} \ [\mathrm{N}] \tag{14.14}$$

$$P_2 = \{(l - n_1) W_1 + (l - n_2) W_2 + (l - n_3) W_3\} \frac{1}{l} \ [\mathrm{N}] \tag{14.15}$$

톱니바퀴 또는 벨트차로 토크를 전달하는 경우, 벨트의 장력 또는 톱니의 압력은

벨트차의 경우 $$W = \frac{6T}{D} + w_1 \ [\mathrm{N}] \tag{14.16}$$

톱니바퀴의 경우 $$W = \frac{2.18T}{D} + w_1 \ [\mathrm{N}] \tag{14.17}$$

여기서, T: 토크 [N · m], w_1: 벨트차 또는 톱니바퀴의 무게 [N], D: 벨트차의 직경 또는 톱니바퀴의 피치직경 [m]

14.2.3 위험속도

회전하는 경우 회전자에 굴곡이 있을 때 불평형 원심력이 발생한다. 회전속도가 낮으면 이 불평형이 적어 문제를 일으키지 않지만, 회전속도가 회전자의 고유 진동수에 이르면 공진을 일으켜 매우 큰 진동이 일어난다. 이때의 회전속도를 **위험속도** 또는 **임계속도**라고 한다. 이것을 막기 위해 운전속도를 위험속도의 ±20% 범위에 두는 것이다. 특히, 2극기의 터빈 발전기, 유도전동기 또는 고속직류기 등에서 위험속도의 결정은 매우 중요한 요소이다. 최초의 공진 속도를 **제1차 위험속도**라고 하며, 이것을 넘으면 진동은 사라지고, **제2차 위험속도**에 이르러 다시 진동이 나타난다. 무게를 무시한 축에서는 그 하중에 대한 차수의 위험속도를 일으킨다. 따라서 분포 하중에서는 무한차의 위험속도가 있다. 실제의 경우에는 축의 중량의 $1/2 \sim 2/3$을 집중 하중에 가산한다. 지주 상태에 대해서는 자동조심형 베어링이 자재를 떠받치는 긴 원통 베어링을 고정 지주로 간주한다. 보통 속도의 전기기기에서는 제1차 위험속도 이하를 운전 속도로 하며, 터빈 발전기 등의 고속기에서는 운전속도를 제1차, 제2차 위험속도 사이에서 선택하는 것이 보통이다. 이 경우에는 기동 시 제1차 위험속도를 통과해야 하기 때문에, 이때 유해한 진동을 일으키지 않게 신속하게 통과시킬 필요가 있다.

이제 N_c를 제1차 위험속도 $[\mathrm{min}^{-1}]$, d를 각각의 축 하중에 의한 굴곡 [m], g를 중력가속도로 하면

$$N_c = \frac{30}{\pi}\sqrt{\frac{g}{d}} = 30\sqrt{\frac{1}{d}} \tag{14.18}$$

가 되며 하중점, 지지 조건이 다른 경우는 각각의 굴곡치를 통해 표 14.1로부터 구할 수 있다. 그러나 실제 축은 계단식이며, 하중의 분포도 복잡하므로 정확하게 굴곡을 계산할 필요가 있다.

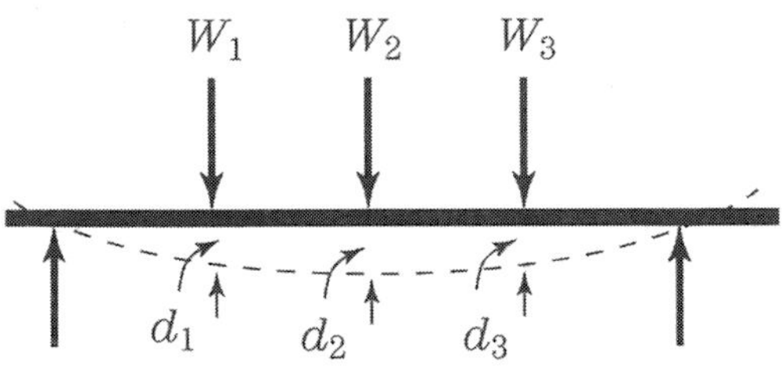

그림 14.3 복수의 하중이 있는 2 베어링식의 축

표 14.1 위험속도[$\min^{-1}$]

부하상태	제1차 위험속도	제2차 이상의 위험속도
2 베어링 간 단일하중(자재받침)	$N_c = 30\sqrt{3EIL/Wm^2n^2}$	
2 베어링 간 단일하중(고정받침)	$N_c = 30\sqrt{3EIL^3/Wm^3n^3}$	
2 베어링 간 평등하중(자재받침)	$N_c = 30\sqrt{384EI/5WL^3}$	제2차 2^2N_c, 제3차 3^2N_c ⋯
2 베어링 간 평등하중(고정받침)	$N_c = 30\sqrt{384EI/WL^3}$	제2차 $(5/3)^2N_c$, 제3차 $(7/3)^2N_c$ ⋯
복수의 하중 (그림 14.3)	$N_c = 30\sqrt{\Sigma Wd/\Sigma Wd^2}$	하중 수의 위험속도가 있다.

단, $\Sigma Wd = W_1d_1 + W_2d_2 + \cdots$, $\Sigma Wd^2 = W_1(d_1)^2 + W_2(d_2)^2 + \cdots$

14.3 베어링

가로축형 회전기의 베어링에는 원통 베어링, 볼 베어링 또는 롤러 베어링이 사용되고, 세로축형 회전기에서 소형기는 볼 베어링, 대형기에는 고리형 스러스트 베어링이 사용된다.

14.3.1 원통 베어링

원통 베어링의 크기는 베어링에 발생하는 마찰 일에 의해서 결정된다. 마찰 일의 크기는

$$W = \mu Pv\ [\mathrm{N \cdot m/s}] \tag{14.19}$$

여기서, μ: 마찰계수, P: 전 베어링 압력 [N], v: 축경의 주변 속도 [m/s]

단위 면적에 대한 비마찰일 W_z는

$$W_z = \frac{W}{dl} = \mu pv\ [\mathrm{MPa \cdot m/s}] \tag{14.20}$$

여기서, d: 베어링 직경 [m], l: 베어링 길이 [m], p: P/dl[MPa]

따라서 베어링의 크기 $d \times l$은 W_z의 값을 크게 취할수록 작고 좋다. 그러나 이 W_z는 베어링의 방열 능력으로부터 제한되는 값으로, 자연 냉각식보다 주유식 또는 수냉식으로 할 경우 크게 할 수 있다. pv를 **최대압력 속도 계수**(pv값)라고 하여 베어링의 종류에 의해 제한된다.

자연 냉각식은 오일링을 달고 급유를 하며, 그 수는 베어링 길이 $l > 2d$ 경우에는 2개로 한다. **주유식**은 펌프로 냉유를 상부로부터 흘러 들어가게 하는 방식이며, **수냉식**은 **수랭관**을 하부 베어링 메탈(bearing metal)의 라이닝(lining) 안에 주조하고, 여기에 냉각수를 흘려 냉각하는 방식이다.

저널 베어링의 마찰계수 μ는 운전시 $0.002 \sim 0.004$의 범위에 있지만, 기동 시에는 $0.1 \sim 0.2$로 매우 높다. 또, μ는 베어링 온도에 반비례한다.

베어링의 크기는 W_z에서 결정되기 때문에 속도가 일정하다면 p에 관계없이 W_z를 크게 하면 어느 정도 작아질 것이지만, p는 유막의 부하 능력으로부터 제한된다. p의 값은 $1 \sim 3\,\mathrm{MPa}$ 정도이다.

14.3.2 볼 베어링 및 롤러 베어링

볼 및 롤러 베어링은 일반 중형 이하의 전기기기에 사용된다. 고속기에는 볼 베어링, 무거운 부하에는 롤러 베어링이 적합하다. 원통 베어링과 비교해 볼 또는 롤러 베어링의 장점으로서 다음을 들 수 있다.

(1) 마찰 계수가 작다. 볼 베어링은 $0.001 \sim 0.002$, 롤러 베어링은 $0.002 \sim 0.003$이며, 시동 및 운전 시에 변하지 않는다.
(2) 경사 상태에서 사용할 수 있다.
(3) 윤활유 교환이 2년에 1회 정도로 좋기 때문에, 운전 중 감시가 적고 윤활유의 소비량도 적다.
(4) 운전상의 안전성이 높다.
(5) 베어링의 길이가 짧아도 되기 때문에 좁은 장소에 적당하다.
(6) 실제로 마찰이 거의 없으므로, 공극이 작은 유도 전동기에 특히 적합하다.
(7) 치수가 국제적으로 일정하기 때문에 어떠한 장소에서도 보급 할 수 있다.

한편, 단점으로서는 다음을 들 수 있다.

(1) 수명에 한도가 있다.
(2) 정지 상태에 있어서 충격에 약하다.
(3) 소음이 크다.

볼 및 롤러 베어링은 각 제조회사에서 독특한 설계와 제작방법에 의해서 제작되는 것이기 때문에 각각 특징이 있다. 용도에 의한 선택은 각사의 카탈로그를 참조하는 것이 필요하다. 일반적으로 $3{,}000\,\mathrm{min}^{-1}$ 이하의 것으로는 윤활유를, 그것을 넘는 것은 유욕식의 윤활 방법을 취한다.

베어링의 종류는 radial형과 thrust형이 있고, radial형에는 단열과 복열이 있다.

제15장 회전기 설계 예

전기기기는 설계 방법, 재료, 제조 기술의 향상 등에 의해 성능 향상 및 소형 경량화가 진행되고 있다. 또한, 설계상의 목표 값은 바뀌고 있지만 설계 흐름에는 큰 변화가 없다. 여기에서는 그 흐름을 이해하기 위해서 일례를 나타낸다.

15.1 수차 발전기

수차 발전기의 설계 예에 대해 여기에서는 다음의 정격 사항을 설정한다.

$$\left[\begin{array}{l} \text{출력 } P = 7{,}500\ \text{kVA},\ \text{상수 } m = 3,\ \text{극수 } 2p = 20,\ \text{회전속도 } n = 360\ \text{min}^{-1}, \\ \text{전압 } E = 6{,}600\ \text{V},\ \text{주파수 } f = 60\ \text{Hz},\ \text{역률 } \cos\phi = 0.8,\ \text{단락비} = 1, \\ \text{효율 } 96.5\%\ \text{이상, 절연 클래스 } 130(\text{B}),\ \text{규격 JEC-2130} \end{array}\right]$$

15.1.1 전기자의 설계

1. 치수의 결정 정해진 출력 계수 K에 의해서, D^2l이 결정된다. 이 K의 값은 경험적 값으로 그림 15.1과 같고 시대와 함께 변화하고 있다. 이 그림은 편의상 P/n에 $1/K$를 곱한 것을 나타낸다. 그림으로부터

$$\text{비용량} = \frac{7{,}500 \times 1{,}000}{360} = 208 \times 10^2$$

에 대해서, $D^2l = 4.5\ \text{m}^3$를 얻는다. 이것을 D와 l로 나누면

$$\frac{l}{\tau} = (0.78 \sim 2)$$

의 관계를 이용한다. 여기서, $l/\tau = 1.25$로 하면

$$l = 1.25\frac{\pi D}{2p} \quad \therefore \quad D^2l = 4.5 = D^2 \times \frac{\pi D}{20} \times 1.25$$

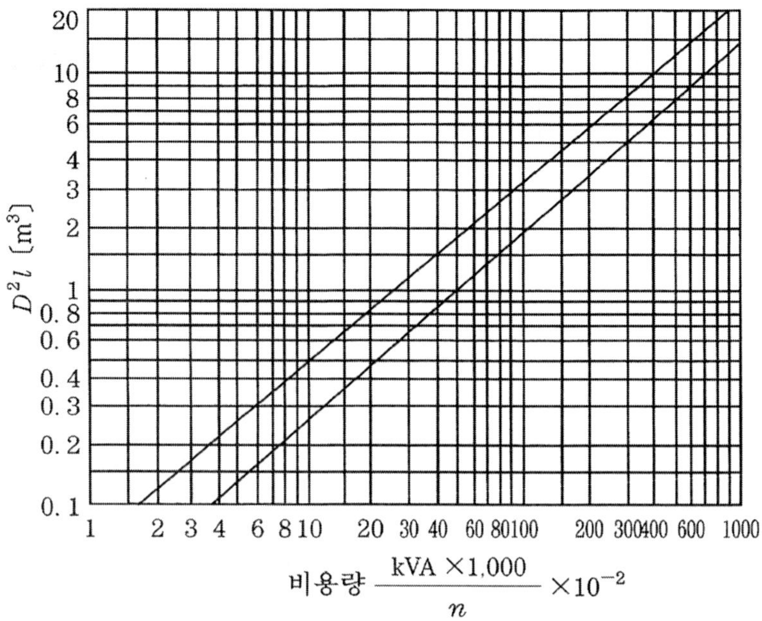

그림 15.1 동기기의 출력계수

$$D^3 = \frac{4.5 \times 20}{\pi \times 1.25} = 22.9 \text{ m}^3 \quad \therefore\ D = 2.84 \text{ m} = 284 \text{ cm}$$

이 D에 대한 주변 속도는 53.5 m/s로, 보통 한도 이내이기 때문에 이 값을 전기자 직경이라고 정한다. 따라서 극 피치 τ는

$$\tau = \frac{\pi D}{2p} = 44.6 \text{ cm}$$

$$\therefore\ l = 1.25 \times \tau \fallingdotseq 55 \text{ cm}$$

4.6 cm마다 폭 1 cm의 통풍 덕트를 넣어 철심의 실제 적층 두께 l_n은

$$l_n = 55 - 9 \times 1 = 46 \text{ cm}$$

2. 권선의 설계

a. 1극 자속의 대략적 계산　1상의 유도기전력 E_1은

$$E_1 = \frac{2.22 Z k_w \Phi f}{K_\phi} \text{ [V] [실효치]} \tag{15.1}$$

여기서, Z: 1상분의 직렬 도체수, Φ: 1극의 자속 [Wb], f : 주파수 [Hz], k_w: 권선 계수(0.95로 가정), K_ϕ: 공극 자속분포가 정현파가 아닐 때 보정 계수(1로 가정)

또한, 공극 자속밀도는

$$B_g = \frac{K_\lambda \Phi}{\psi \tau l} \text{ [T]}$$

이때 $B_g = 0.67$ T라 하면, $\psi\left(극호율 = \frac{자극호}{자극피치}\right) = 0.667$, K_λ=자극 공극자속분포 계수 =0.9라고 하면(뒤에 나올 그림 15.7), $K_\lambda \Phi$는 유효 자속이기 때문에

$$\Phi \fallingdotseq \frac{B_g \times \psi \tau l}{K_\lambda} = \frac{0.67 \times 0.667 \times 0.446 \times 0.55}{0.9} = 0.122 \text{ Wb}$$

b. 코일 턴 수와 슬롯 수의 결정 식 (15.1)으로부터 상전압이 $6{,}600/\sqrt{3}$ 이므로

$$Z = \frac{E_1 \times K_\phi}{2.22 k_w \Phi f} = \frac{3{,}810 \times 1}{2.22 \times 0.955 \times 0.122 \times 60} = 245$$

따라서 슬롯 수, 권선 턴 수의 관계로부터 $Z = 240$으로 한다.

이때 2층권을 사용하고, 각 슬롯에 2층으로 코일변을 감으면, $Z = 240$에 대해서 다음 조합이 있다. w_c를 코일 턴 수, N_1을 1상의 슬롯 수라고 하면

$$w_c = 1 \quad N_1 = \frac{240}{2} = 120 \text{ 병렬회로 수} = 1$$

$$w_c = 2 \quad N_1 = \frac{240}{2 \times 2} = 60 \text{ 병렬회로 수} = 1$$

또는 2층 성형이라고 하면, 총 도체 수 $2Z = 480$

$$w_c = 4 \quad N_1 = \frac{480}{2 \times 2} = 60 \text{ 병렬회로 수} = 2$$

슬롯 피치의 크기로부터 $N_1 = 120$은 너무 크기 때문에, $N_1 = 60$, 즉 총 슬롯 수 180으로 한다. 따라서

$$\text{매극매상의 슬롯 수} = \frac{60}{20} = 3$$

이 되어, 1상의 권선이 차지하는 전기각(**상대각**이라고 한다)은 60˚가 된다.

이 경우, 전기자 코일을 병렬 회로수=1로써 코일의 턴 수를 2로 할지, 병렬 회로수를 2로써 턴 수를 4로 할지는 다음 식으로부터 정한다.

$$\text{코일의 턴 수 } w_c > 0.43\, l_t^2 f \times 10^{-5} \tag{15.2}$$

여기서, l_t: 슬롯의 깊이 [mm], f: 주파수 [Hz]이면, 코일 안의 와전류손이나 표피효과에 의한 손실이 직류 경우 저항손의 20% 이내에 들어간다.

여기서, $l_t = 105$ mm(이 값은 c.항의 계산으로 정해진다), $f = 60$이기 때문에

$$w_c > 0.43 \times 105^2 \times 60 \times 10^{-5} = 2.85$$

따라서 턴 수가 2에서는 불가능하다. 그러므로 $w_c = 4$, 병렬 회로수= 2로 한다.

$$\therefore\ ac = \frac{Z \times I \times 3}{\pi D} = \frac{240 \times 656 \times 3}{\pi \times 284} = 530\ \text{A/cm}$$

가 되어, 제한치 이내에 들어간다.

c. **전기자권선의 치수 결정** 슬롯 폭은 전압에 따라 표 15.1과 같은 값이라고 하면, 22 mm로 정해 이 폭의 슬롯에 들어가도록 코일의 치수를 결정한다.

표 15.1 정격전압의 슬롯의 폭

정격전압[V]	3,300	6,600	11,000	13,200
슬롯 폭[mm]	12~19	19~23	21~27	22~28

$$\text{슬롯 피치} = \frac{\pi D}{180} = \frac{\pi \times 284}{180} = 4.97\ \text{cm}$$

$$\therefore\ \text{치의 폭} = 4.97 - 2.2 = 2.77\ \text{cm}$$

가 되어 기계적 강도 범위 내이다.

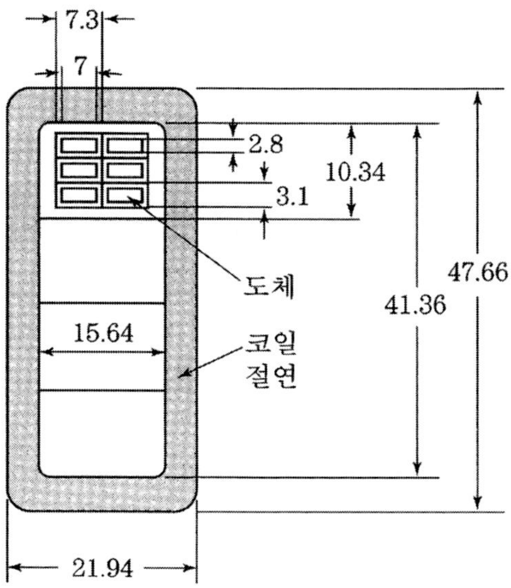

그림 15.2 전기자 코일의 외형

코일의 절연 두께를 양쪽으로 6.3 mm, 코일 도체의 치수를 7 mm × 2.8 mm의 이중 유리권(DGC)으로 하여, 이것을 6개의 병렬로 하면 코일의 외형 치수는 그림 15.2와 같이 21.94 mm × 47.66 mm가 된다. 쐐기의 두께를 8 mm로 하면, 슬롯의 치수는 여유분을 포함해 폭 22 mm, 깊이 47.66 × 2 + 8 = 103.32 mm, 즉, 105 mm가 된다.

d. **전류밀도** 구리대의 전류밀도는 절연물의 두께와 온도 상승 등의 관계에서 표 15.2와 같이 선택하며, 이 경우는 6개의 병렬 회로로 2 병렬 회로이기 때문에,

$$\text{전류밀도} = \frac{656}{7 \times 2.8 \times 6 \times 2} = 2.79\ \mathrm{A/mm^2}$$

표 15.2 정격전압의 코일의 전류밀도

정격전압[V]	3,300	6,600	11,000	13,200
전류밀도[A/mm^2]	3.4~4	2.8~3.1	2.5~3.0	2.2~2.8

e. **권선법** 권선법은 고조파를 없애기 위해서 단절권을 선택하여 제1슬롯으로부터 제9슬롯에 감는다. 즉, 코일피치는 8/9이 된다. 따라서 단절 계수 k_p는 식 (7.30)에서 0.985, 분포 계수 k_d는 식 (7.29)로부터 0.96이 된다.

f. **권선 저항** 권선 한 개의 평균 길이 l_m[cm]는

$$l_m = 2\left\{l + \frac{(D + l_t)\pi}{2p} \times 1.35 \times \text{슬롯 피치(작은수)}\right\} + A \tag{15.3}$$

여기서, l_t: 슬롯 깊이 [cm], A: 코일의 슬롯 바깥의 직선부 길이 [cm] (표 15.3)

표 15.3 코일의 슬롯 외의 직선부의 길이 A

정격전압[V]	3,300	6,600	11,000
A 치수[cm]	15~25	40~50	50~63

$$\therefore\ l_m = 2\left\{55 + \frac{(284+10.5)\pi}{20} \times 1.35 \times 0.888\right\} + 50 = 271 \text{ cm}$$

전기자권선 저항 R_a (1상, 95℃)는

$$R_a = 0.0233 \times \frac{120 \times 2.71}{7 \times 2.8 \times 6 \times 2} = 0.0308\ \Omega$$

전기자권선 IR_a 강하 (1상, 95℃) $= 656 \times 0.0308 = 20.2$ V 가 된다.

3. 공극의 결정

지정된 단락비를 얻기 위해서 공극의 기자력과 동기 임피던스가 필요하다.

a. 전기자 반작용의 대략적 계산 전기자 반작용 계산식에는 여러 가지가 있지만 누설 리액턴스를 구하는 식과 동일한 사람이 정한 공식을 이용해야 한다.

여기에서는 **아르고(Alger) 공식**을 사용한다.

전기자 반작용

$$A = \frac{4m\,k_p k_d ZIK_a}{2\sqrt{2}\,\pi \times 2p}\ [\text{A}] \tag{15.4}$$

$$= \frac{4 \times 3 \times 0.985 \times 0.96 \times 240 \times 656 \times 0.8}{2 \times \sqrt{2} \times \pi \times 20} \fallingdotseq 8{,}000 \text{ A}$$

여기서, m: 상수, k_p: 단절 계수, k_d: 분포 계수, Z: 1상에 직렬로 접속되는 도체의 수, I: 1상의 전류 [A], $2p$: 극수, 정현파계수 $K_a = A_{d1} \div A_1 = 0.8$ (그림 15.3, 그림 15.4)

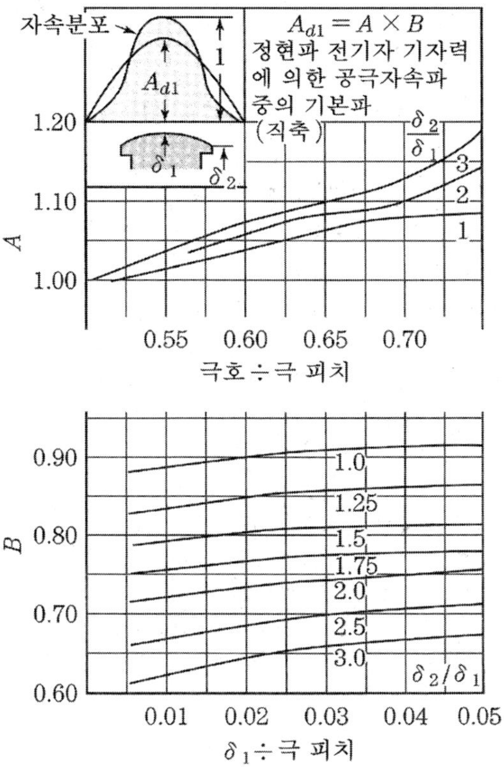

그림 15.3 공극 자속분포(A_{d1})

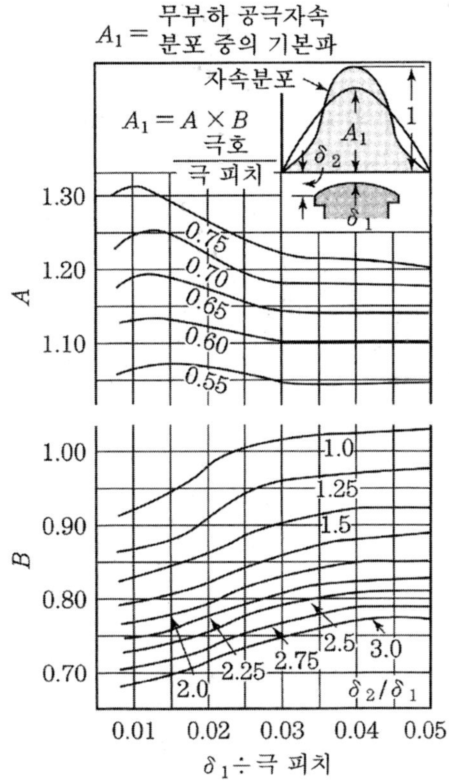

그림 15.4 공극 자속분포(A_1)

b. 공극의 기자력 F 　이 경우, 동기 임피던스 계수 $K_s = 1.25$로 가정한다(K_s는 8극일 때 1.15, 20극일 때 1.25, 30극일 때 1.35).

이때, 정격 전류와 동일한 3상 단락 전류를 흘리는 데 필요한 F_z는

$$F_z = K_s \times A = 1.25 \times 8{,}000 = 10{,}000 \text{ A}$$

이 된다. 따라서 단락비를 1로 하기 위해서는 무부하 정격전압에 대한 F를 10,000으로 할 필요가 있다.

이제, 포화 계수를 $\sigma = 0.1$이라고 하면, 공극의 기자력 F_g는

$$F_g = \frac{F_z}{1+\sigma} = \frac{10{,}000}{1.1} = 9{,}090$$

이 된다.

c. **공극 길이** $B_g = 0.67$ T, 카터 계수 $K_c = 1.1$로 가정하면, $F_g = 9{,}090$으로 하기 위한 공극 길이 δ[m]는

$$F_g = 8 \times 10^5 \times B_g \times \delta \times K_c$$

$$\therefore \delta = \frac{9{,}090}{8 \times 10^5 \times 0.67 \times 1.1} = 0.0154 \text{ m}$$

$$= 1.54 \text{ cm}$$

최소 공극 길이는 $\delta_1 = 1.3$ cm로 하고, 최대 갭 길이를 $\delta_2 = 1.5\delta_1$로 하면, $\delta_2 = 1.95$ cm, 실효 공극 길이는

$$\delta = \frac{2\delta_1 + \delta_2}{3} = 1.52 \text{ cm}$$

가 된다. 여기서 자극의 치수를 정한다(그림 15.5).

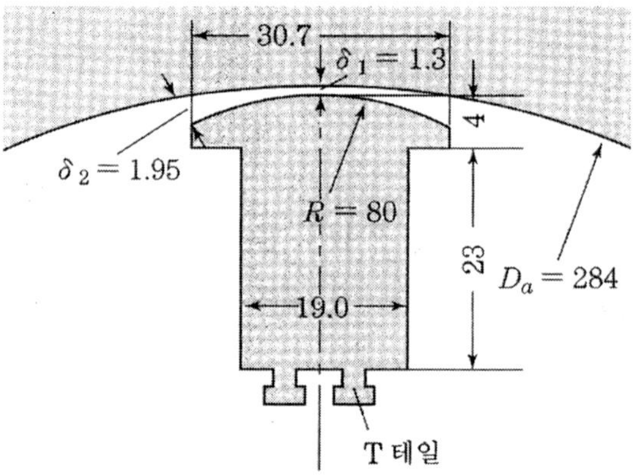

그림 15.5 자극

4. **전기자 철심 외경의 결정** 철심의 깊이 d_c는 자극의 폭 $d_p \times 0.65$ 정도이다. $d_p =$ 19 cm이기 때문에

$$d_c = 19 \times 0.65 \fallingdotseq 12.5 \text{ cm}$$

따라서 철심의 외경 D_1은 다음과 같이 된다.

$$D_1 = D + \{2 \times (d_c + l_t)\} = 284 + \{2 \times (12.5 + 10.5)\} = 330 \text{ cm}$$

15.1.2 자기회로의 기자력 계산

앞의 계산 수치를 토대로 자속 Φ를 정확하게 계산하여 자기회로에 흐르는 자속을 구한다.

1. 극당의 자속

$$\Phi = \frac{E_1}{2.22Zf} \times \frac{K_\phi}{k_p k_d}\ [\mathrm{Wb}]$$

$E_1 = 3{,}810\ \mathrm{V}$, $Z = 240$, $f = 60\ \mathrm{Hz}$, $k_p = 0.985$, $k_d = 0.96$, 기본파에 필요한 자속 계수 $K_\phi = 1.003$(그림 15.6으로부터 구한다)

$$\therefore\ \Phi = \frac{3{,}810}{2.22 \times 240 \times 60} \times \frac{1.003}{0.985 \times 0.96} = 0.1264\ \mathrm{Wb}$$

자극, 공극자속은 자속 분포계수 K_λ를 그림 15.7로부터 구할 수 있다.

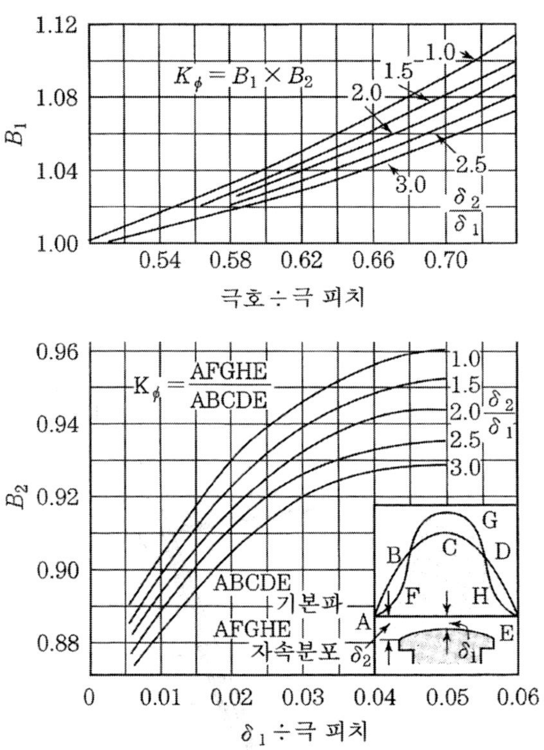

그림 15.6 자속분포계수 (K_ϕ)

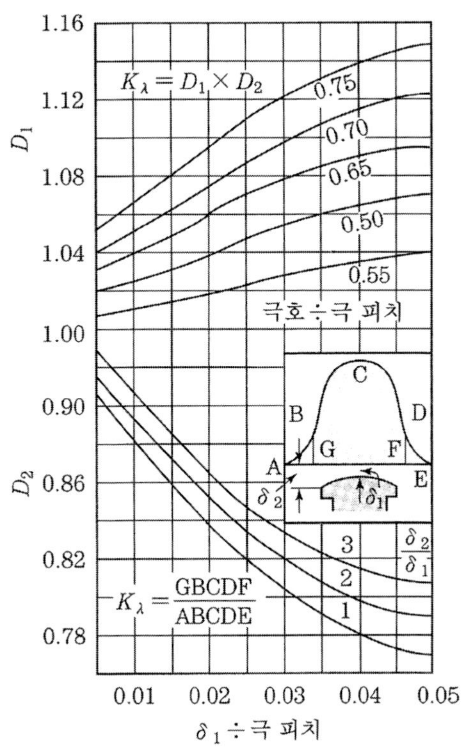

그림 15.7 자속분포계수 (K_λ)

$$K_\lambda = 1.098 \times 0.81 = 0.89$$

카터 계수는 (10.2절, 3.2절 참조) $k_c = 1.10$

통풍덕트 폭에 대한 카터 계수는 $k_c{}' = 1.02$

다음으로 자기 누설 계수를 $\sigma = 1.25$라고 하면, 주자극 철심 및 계철에서의 자속은 다음과 같이 된다.

$$\Phi_f = 1.25 \times 0.1264 = 0.158 \text{ Wb}$$

2. 자기회로의 단면적 표 15.4와 같이 단면적을 구해 무부하 기자력을 계산한다. 이 경우 전기자 치의 단면적 A_t는 공극면으로부터 치의 길이의 1/3 위치의 단면적을 취한다(10.2.4항 참조, 표 15.4에 대해 W_t은 이 부분의 폭이다).

표 15.4 무부하 기자력의 계산

자기회로	길이[cm]	단면적[m²]	자속[Wb]	자속밀도[T]	F/cm	F
공 극	1.52 $k_c = 1.10$ $k_c{}' = 1.02$	$\left(\frac{\pi D}{2p} \times \phi\right) \times l$ $= 0.307 \times 0.55$ $= 0.1690$	$k_\lambda \Phi$ $= 0.1125$	0.665		8,900
전기자 치	10.5	$^{*}\phi \times T \times W_t \times l_n \times k_l$ $= 0.688 \times 9 \times 0.0288$ $\times 0.46 \times 0.95$ $= 0.0779$	0.1125	1.44	28.7	302
전기자 철심	$\frac{D_1 \pi}{40} = 26$	$2d_e \times l_n \times k_l$ $= 2 \times 0.125 \times 0.46$ $\times 0.95$ $= 0.1090$	$\Phi_f = 0.1264$	1.16	5.2	135
자극 철심	23	$(d_p \times l_p \times 0.95) + X^{**}$ $= 0.19 \times 0.55 \times 0.95$ $+ 0.0065 = 0.1057$	$\Phi_f = 0.158$	1.49	25	575
계자 철심	17.5	0.15	0.158	1.05	7	123
					총 F	10,035

* ϕ는 그림 15.5에 의해 0.688이 된다.

** X는 단판의 단면적, T는 극당 치 수

15.1.3 전기자 반작용

A는 식 (15.4)로부터 다음과 같이 된다.

$$A = \frac{4 \times 3 \times 0.985 \times 0.96 \times 240 \times 656 \times 0.832}{2 \times \sqrt{2} \times \pi \times 20} \fallingdotseq 8,370 \text{ A}$$

15.1.4 누설 리액턴스

누설 리액턴스의 공식은 전기자 반작용의 계산과 같이 아르고 공식을 사용한다. 3상 돌극형, 분수 슬롯 권선법(1극 1상당 슬롯수가 정수가 아닌 것)에 대해서 누설 리액턴스 X_l(단위법; 전압 및 전류를 기계의 정격전압, 정격전류를 단위로 나타내는 방법이며, 저항, 리액턴스 등은 정격전류에 의해 정격전압과 동일한 전압강하를 일으키는 양을 단위로 하는 것이다)은 다음과 같다.

$$X_l = \frac{7.9A \times 10^{-8}}{k_p^2 k_d^2 \Phi}\left\{\frac{2pl}{N}\left(\frac{3\beta+1}{4}\right)\left(\frac{d_2}{s}+\frac{d_1}{3s}\right)+\frac{0.3(3\beta-1)D}{2p}\right\}+\frac{1.1A}{F_g}\left\{\left(\frac{2p}{N}\right)^2+0.6K_B\right\} \quad (15.5)$$

여기서, A: 극당의 전기자 반작용, N: 전슬롯 수, β: 권선 피치(작은 수), l: 철심길이 [cm] (통풍 덕트를 포함한다), D: 전기자 철심의 내경 [cm]

d_1, d_2, s는 그림 15.8에 의한, F_g: 계자에 의한 무부하 정격전압의 공극 F (1극 당), K_B: 상대 자기 누설 계수(그림 15.9 참조)

정수 권선의 경우에는 식 (15.5)의 마지막 항 { } 안의 $(2p/N)^2$에 0.5를 곱하고, 제동 코일이 있는 경우에는 $K_B = 0$으로 한다.

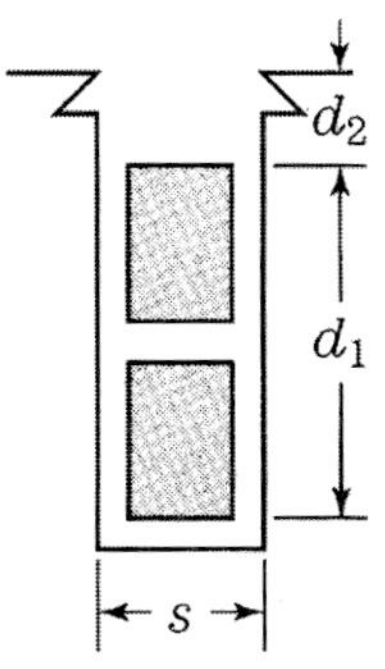

그림 15.8 슬롯의 치수

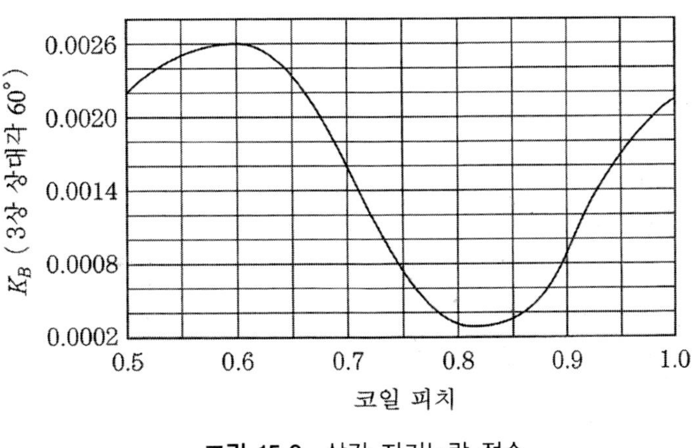

그림 15.9 상간 자기누락 정수

$$X_l = \frac{7.9 \times 8{,}370 \times 10^{-8}}{0.985^2 \times 0.96^2 \times 0.1264}\left\{\frac{20 \times 55}{180} \times 0.915 \times 1.89 + \frac{0.3 \times (2.67-1) \times 284}{20}\right\}$$

$$+ \frac{1.1 \times 8{,}370}{8{,}900}\left\{0.5\left(\frac{20}{180}\right)^2 + 0.6 \times 0.0008\right\} = 0.1094$$

15.1.5 정격 전류와 같은 3상 단락 전류를 흘리는 데 필요한 계자 기자력

$$F_z = A + F_g X_l = 8{,}370 + 8{,}900 \times 0.1094 = 9{,}345 \text{ A}$$

15.1.6 단락비

$$\frac{\text{무부하 정격 전압에 대한 } F}{F_z} = \frac{10{,}035}{9{,}345} = 1.07$$

1.0으로 가정했던 것과 비슷한 값을 가진다.

15.1.7 동기 임피던스 계수

$$K_s = \frac{F_z}{\text{전기자 반작용에 대한 } F} = \frac{9{,}345}{8{,}370} \fallingdotseq 1.12$$

15.1.8 전부하의 경우 필요한 계자 기자력의 계산

JEC-2130 2.4의 산출법 식.1에 따라 다음 식이 나온다.
역률 $\cos\phi$ 때의 전부하 기자력 F_f는

$$F_f = \sqrt{F_1^2 + k^2 F_z^2 + 2kF_1 F_z \sin\phi} \tag{15.6}$$

여기서, F_1: 무부하에 있어서 $(E_1 + IR_a)$ [V]에 대한 계자 F, F_z: 정격 전류와 같은 3상 단락 전류를 흘리는 데 필요한 계자 F, k: 표 15.5에 의한 계수

표 15.5 k

$\cos\phi$	1.0	0.95	0.90	0.85	0.80	0
돌극기	1.0	1.10	1.15	1.20	1.25	$1+\sigma'^*$
원통 회전자기	1.0	1.00	1.05	1.10	1.15	$1+\sigma'$

* σ'는 무부하 포화 곡선에 대해 정격전압의 1.2배 전압에 있어서의 포화 계수를 나타낸다.

그러므로 전부하 역률 1.0의 경우의 계자 기자력 $F_{fpf=1}$는

$$F_{fpf=1} = \sqrt{10,035^2 + 9,345^2} = 13,700 \fallingdotseq 14,000 \text{ A}$$

이 된다.

전부하 역률 0.8의 경우의 계자 기자력 $F_{fpf=0.8}$은

$$F_{fpf=0.8} = \sqrt{10,035^2 + 1.25^2 \times 9,345^2 + 2 \times 1.25 \times 10,035 \times 9,345 \times 0.6}$$
$$= 19,440 \fallingdotseq 19,500 \text{ A}$$

이 된다.

15.1.9 계자권선의 계산

계자권선 1턴의 평균 길이 l_m은 그림 15.10에 의해

$$l_m = (65-13) \times 2 + (19.7-13) \times 2 + (13+4)\pi = 170.7 \text{ cm}$$

이 된다.

여자 기전압을 220V, 전부하 역률 0.8일 때 F에 대해, 권선의 온도를 100℃로 했을 경우, 계자권선의 단자전압 V_f를 여유를 두어 185V로 했다.

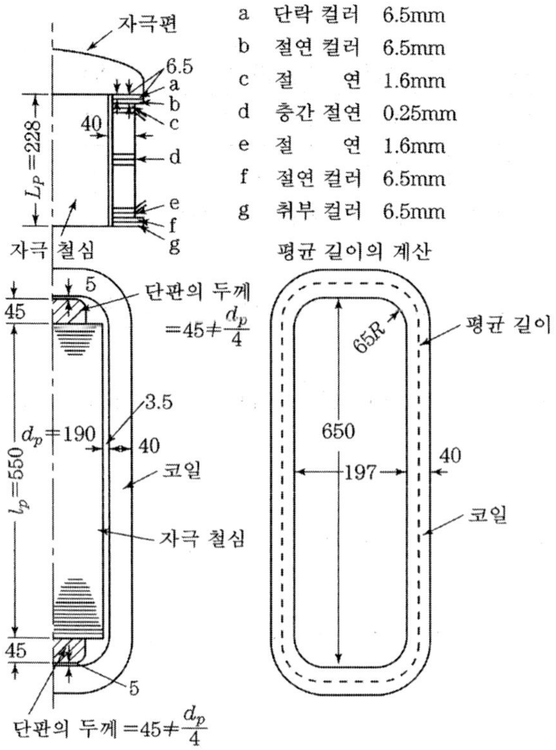

그림 15.10 계자코일

이때 코일의 단면적 A_c는 다음 식에서 주어진다.

$$V_f = R_f \times I_f$$

$$R_{f100} = \frac{w_f \times l_m \times 2p}{A_c} \times 0.01724\{1 + 3.93 \times 10^{-3}(100 - 20)\}$$

$$F_f = w_f \times I_f$$

이에 따라

$$A_c = \frac{F_f \times l_m \times 2p}{V_f} \times 0.0227$$

$$\therefore\ A_c = \frac{F_{fpf=0.8} \times 2p \times l_m \times 0.0227}{V_f \times 10^4}\ [\text{cm}^2]$$

$$= \frac{19,500 \times 20 \times 170.7 \times 0.0227}{185 \times 10^4}$$

$$= 0.817\ \text{cm}^2$$

따라서 권선은 $4\ \text{cm} \times 0.2\ \text{cm} = 0.8\ \text{cm}^2$인 것을 사용한다.

계자권선의 유효 높이 L_{pe}는 도면(그림 15.10)에 의해 20.2 cm이다. 층간 절연에 0.025 cm 두께의 절연 시트를 사용하면, 코일 턴 수 w_f는

$$w_f = \frac{L_{pe}}{\text{구리대 두께} + \text{층간 절연 두께}} - \text{입출구단 권선높이에 해당하는 권선}$$

$$= \frac{20.2}{0.2 + 0.025} - 3.8 = 89.8 - 3.8 = 86\ \text{턴}$$

계자권선의 저항

$$R_{f20^\circ} = 0.01724 \times \frac{2p \times w_f \times l_m\ [\text{m}]}{A_c\ [\text{mm}^2]}$$

$$= 0.01724 \times \frac{20 \times 86 \times 1.707}{80} = 0.633\ [\Omega]$$

$$R_{f95^\circ} = 0.0223 \times \frac{20 \times 86 \times 1.707}{80} = 0.818\ [\Omega]$$

$$R_{f100^\circ} = R_{f20^\circ} \times \{1 + 0.00393 \times (100 - 20)\} = 0.832\ [\Omega]$$

계자 전류

$$i_{fpf=1} = \frac{14{,}000}{86} = 163\ \text{A}$$

$$i_{fpf=0.8} = \frac{19{,}500}{86} = 227\ \text{A}$$

계자 전압 $V_{fpf=0.8} = 227 \times 0.832 = 189\ \text{V}$

전류밀도 $\sigma = \dfrac{227}{0.8} = 284\ \text{A/cm}^2$

15.1.10 특성곡선

무부하포화곡선 및 단락 곡선[1]은 그림 15.11과 같이 된다.

1) 정격전류 656 A의 경우의 동기 임피던스 전압에 대한 $AT = 9345$ A, 계자코일 권수는 86
∴ 계자전류 $= 9345/86 = 108.8$ A

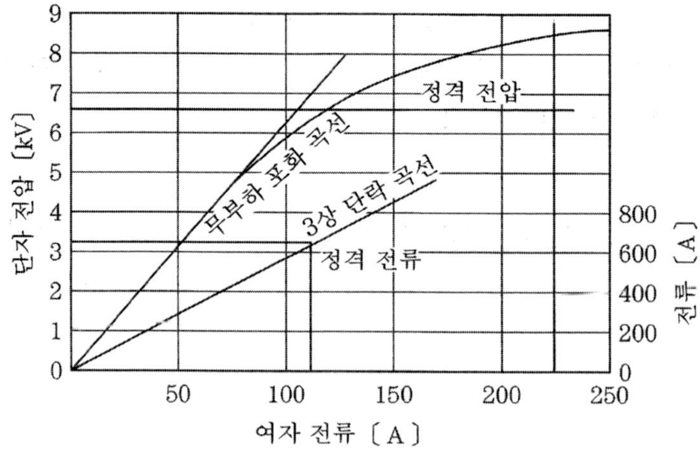

그림 15.11 무부하 포화곡선 및 삼상단락곡선

15.1.11 손실 및 효율

(1) 풍손= 29 kW [계산 생략, 식 (11.28) 참조]

(2) 베어링 마찰손= 17.5 kW [계산 생략, 식 (11.23) 참조]

(3) 철손

철심 중량= 4,220 kg, $B_a = 1.16$ T, 손실= 43.7 kW

치의 중량= 1,840 kg, $B_t = 1.44$ T, 손실= 24.2 kW

전체 철손= $43.7 + 24.2 = 67.9$ kW

(4) 전기자 코일 동손(95℃)= 39.8 kW

(5) 여자손 = 계자권선 동손 + 브러시 전기손

계자권선 저항손=(계자 전류)^2 × 계자 권선 저항 × 10^{-3} [kW]

브러시 전기손=2×계자전류×10^{-3} [kW](전기 흑연질 브러시)

역률=1일 때, 계자권선 저항손=$163^2 \times 0.818 \times 10^{-3} = 21.7$ kW

브러시 전기손=$2 \times 163 \times 10^{-3} = 0.326$ kW

여자손=$21.7 + 0.326 \fallingdotseq 22.0$ kW

역률=0.8일 때, 계자권선 저항손= $227^2 \times 0.818 \times 10^{-3} = 42.2$ kW

브러시 전기손= $2 \times 227 \times 10^{-3} = 0.454$ kW

여자손= $42.2 + 0.454 \fallingdotseq 42.7$ kW

(6) 표류부하손= $39.8 \times 0.4 = 15.9$ kW (11.6절 참조)

(7) 효율

$$\eta_{pf=1.0} = \frac{7{,}500}{7{,}500 + 192.2} \times 100 = 97.50\ \%$$

$$\eta_{pf=0.8} = \frac{6{,}000}{6{,}000 + 212.8} \times 100 = 96.58\ \%$$

15.2 3상 유도 전동기

다음의 정격 사항을 가지는 3상 유도 전동기(권선형)의 설계를 예로 설명한다.

[출력 $P = 110\ \mathrm{kW}$, 극수 $2p = 8$, 회전속도 $n = 750\ \mathrm{rpm}$ (동기속도),
전압 $E = 3000\ \mathrm{V}$, 주파수 $f = 50\ \mathrm{Hz}$, 효율 88.0% 이상, 역률 80.5% 이상,
절연 클래스 105(A), 표준 JEC-2137]

전동기의 경우는 효율을 먼저 가정하고, 유도 전동기의 경우에는 역률을 가정하고 전류를 정한다. 계산 결과, 가정한 효율 및 역률을 얻을 수 없는 경우에는 다시 가정해야 한다.

여기에서는, 효율 $\eta = 0.90$, 역률 $\cos\phi = 0.88$로 가정하고 전류를 정한다.

$$\text{전부하 전류 } I_1 = \frac{110 \times 10^3}{\sqrt{3} \times 3{,}000 \times 0.90 \times 0.88} = 26.7\ \mathrm{A}$$

15.2.1 고정자의 설계

1. 치수의 결정 공극 자속밀도 $B_g = 0.40\ \mathrm{T}$, $ac = 34{,}000$으로 하여 출력 계수를 식 (13.6)으로부터 구하면

$$K = \frac{\pi^2}{60} \times 1.11 \times 0.955 \times 34{,}000 \times 0.4 \times 0.88 = 2.08 \times 10^3$$

이 출력 계수를 이용하여 $D^2 l$을 구하면

$$D^2 l = 0.0705\ \mathrm{m}^3$$

유도 전동기의 경우, $l/\tau = 0.5 \sim 2.0$ 이므로, 여기에서는 0.95로 하여, $D \fallingdotseq 0.575\ \mathrm{m}$가 된다. 이에 $D = 60\ \mathrm{cm}$로 한다. 따라서

$$\tau = \frac{\pi D}{2p} = \frac{\pi \times 60}{8} = 23.5 \text{ cm}$$

$$\therefore\ l = 0.95\tau = 22.3 \text{ cm}$$

가 되지만, 이것을 23cm로 하여 통풍덕트를 2개 마련하고, 실제 길이는 $l_n = 23 - 2 \times 1 = 21$ cm로 한다.

2. 공극 길이　공극 길이에 대해서, 여러 가지의 공식이 있지만, 리우시츠(Liwschitz) 공식을 이용한다.

$$\delta = 3(4 + 0.7\sqrt{Dl}) \times 10^{-2} \text{ [mm]} \tag{15.7}$$

여기서, D: 공극의 평균 직경 ≒ 고정자 내경 [cm], l: 철심적층 [cm]

$$\therefore\ \delta = 3(4 + 0.7\sqrt{60 \times 23}) \times 10^{-2} \fallingdotseq 0.9 \text{ mm}$$

를 얻는다. 이것을 1 mm로 결정한다.

3. 슬롯 및 코일의 결정　1극 1상의 슬롯 수는, 2~6의 정수로, 슬롯 피치가 1.5 cm~2.5 cm가 되도록 선택한다. 이제, $q_1 = 5$라고 하면, 고정자 슬롯의 총수 N_1은

$$N_1 = m_1 \times 2p \times q_1 = 3 \times 8 \times 5 = 120 \qquad \text{단, } m_1 = 1\text{차측 상수}$$

$$\text{슬롯 피치 } t_s = \frac{\pi D}{N_1} = \frac{\pi \times 60}{120} = 1.57 \text{ cm}$$

$$\text{1슬롯 내의 전류량} \quad I_n = t_s \times ac = 1.57 \times 340 = 535 \text{ A}$$

I_n의 값은 표 15.6과 같이 취한다.

표 15.6 1슬롯 내의 전류량

기계의 종류	소용량 고압	소용량 저압	대용량 고압	대용량 저압
I_n[A]	300~500	400~700	500~800	600~1,000

1슬롯 내의 도체수 $S_{n1}=\frac{I_n}{I_1}=\frac{535}{26.7}=20$

1상의 직렬 턴수 $w_1=\frac{S_{n1}}{2}\times 2p\times q_1=\frac{20}{2}\times 8\times 5=400$

고정자 권선의 권선 피치를 0.866(제 1슬롯으로부터 제 14슬롯에 감는다)으로 하면, $k_p=0.978$ (식 (7.30)), $k_d=0.957$(식 (7.29))이다.

고정자 권선의 결선을 성형이라고 하면

$$E_1=\frac{3{,}000}{\sqrt{3}}=1{,}732\ \mathrm{V}$$

$$\therefore\ \Phi=\frac{1{,}732}{4.44\times 50\times 400\times 0.978\times 0.957}=0.0209\ \mathrm{Wb}$$

고정자의 전류밀도는 $\sigma_{a1}=2.5\sim 3.5\ \mathrm{A/mm^2}$의 범위이다. 여기서, $\sigma_{a1}=3.2\ A/\mathrm{mm}^2$로 하면, 소요 도선의 단면적은 $q_{a1}=26.7/3.2=8.33\ \mathrm{mm}^2$이 된다. 여기서는 $4.5\ \mathrm{mm}\times 1.8\ \mathrm{mm}$의 도선을 사용한다.

그러므로, 단면적은 $q_{a1}=4.5\times 1.8=8.1\ \mathrm{mm}^2$이 된다.

$$\therefore\ \sigma_{a1}=26.7/8.1=3.3\ \mathrm{A/mm^2}$$

슬롯의 치수 결정에는 우선 치의 최대 자속밀도를 $B_{tmax}\le 1.8\ \mathrm{T}$로 하면,

$$B_{tmax}=\frac{t_s l_i}{l_n}\frac{B_g}{t_{\min}k_l}\le 1.8\ \mathrm{T}$$

단, $l_i=l_n+\frac{1}{2}n_s b_s=21+\frac{1}{2}\times 2\times 1=22\ \mathrm{cm}$(식 (10.34) 참조)

B_g는 공극 자속의 최대 밀도로, 공극 자속 분포가 정현적이라고 하면,

$$B_g=\frac{\pi}{2}\cdot\frac{\Phi}{\tau l_i}=\frac{\pi}{2}\cdot\frac{0.0209}{0.235\times 0.22}=0.635\ \mathrm{T}$$

$$\therefore\ t_{\min}\ge\frac{t_s l_i B_g}{k_l l_n B_{t\max}}=\frac{0.0157\times 0.22\times 0.635}{0.9\times 0.21\times 1.8}=0.0064\ \mathrm{m}=0.64\ \mathrm{cm}$$

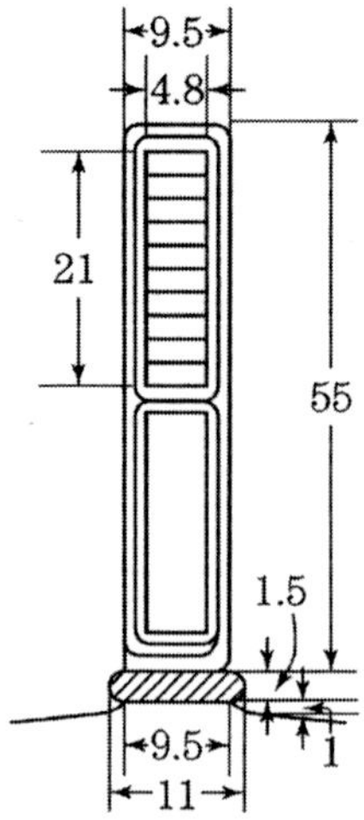

슬롯의 폭

DCC 선	4.8
절연 및 여유	4.7
	9.5mm

슬롯의 깊이

DCC 선 20개	42
쐐기	1.5
슬롯 선단	1
절연 및 여유	10.5
	55mm

그림 15.12 유도전동기 고정자(110kW, 750min^{-1}, 3000V) 슬롯의 치수

∴ 고정자 슬롯의 폭 $t_s - t_{\min} = 1.57 - 0.64 = 0.93$ cm

슬롯 내에는 4.5 mm × 1.8 mm의 도체 20개를 넣어 배열은 가로 1, 세로 20으로 결정한다. 도체에는 DCC를 시행하고, 그 피복을 포함한 치수는 4.8 mm × 2.1 mm가 된다. 슬롯의 치수는 그림 15.12와 같이 한다.

15.2.2 회전자의 설계

1. 코일의 결정 회전자의 상수를 3으로 한다. $q_1 = 5$이기 때문에, q_2를 이것과 서로 소수의 관계에 있는 $q_2 = 4$로 하여 1슬롯 내의 도체 수 $S_{n2} = 2$로, 고정자의 경우와 같게 하고, 1상의 직렬 턴 수 w_2는

$$w_2 = \frac{S_{n2} 2pq_2}{2} = \frac{2 \times 8 \times 4}{2} = 32$$

이 된다.

그러므로 정지 시 2차 1상의 유도기전력은

$$E_2 = E_1 \frac{w_2 k_{p2}}{w_1 k_{p1}} \tag{15.9}$$

분포 계수는 $q_1 = 5$에 대한 것과 $q_2 = 4$에 대한 것이 거의 서로 같기 때문에 E_2의 산출에서는 생략한다. 회전자의 코일 피치를 100%(제1슬롯으로부터 제13슬롯에 감는다)로 하면, $k_{p2} = 1$이 된다.

$$\therefore\ E_2 = 1{,}732 \times \frac{32 \times 1}{400 \times 0.978} \fallingdotseq 142\ \text{V}$$

성형 결선을 채용하면, 슬립링 사이의 최대 전압은 $\sqrt{3} \times 142 = 246\ \text{V}$

$$2차\ 1상의\ 전류\ I_2 = \frac{P \times 10^3}{m_2 \times E_2}\left(1 + \frac{I_2 r_2}{E_2}\right)[\text{A}] \qquad (15.10)$$

위 식의 괄호 안은 $1.02 \sim 1.05$의 범위이기 때문에

$$I_2 = \frac{110 \times 10^3}{3 \times 142} \times 1.05 = 272\ \text{A}$$

전류밀도 σ_{a2}는 $3.5 \sim 5.5\ \text{A/mm}^2$의 범위에 있다. 여기서 $\sigma_{a2} = 4\ \text{A/mm}^2$로 하면, 회전자 도선의 크기는 $q_{a2} = 272/4 = 68\ \text{mm}^2$이 된다. 도선은, 폭 10 mm, 두께 2.2 mm의 평각 도선을 3개의 병렬로 이용한다.

$$\therefore\ q_{a2} = 10 \times 2.2 \times 3 = 66\ \text{mm}^2$$

$$\sigma_{a2} = \frac{272}{66} = 4.12\ \text{A/mm}^2$$

2. 슬롯의 결정 회전자 슬롯의 총 수 N_2는

$$N_2 = m_2 2 p q_2 = 3 \times 8 \times 4 = 96$$

슬롯 피치 t_r은

$$t_r = \frac{\pi(D - 2\delta)}{N_2} = 1.96\ \text{cm}$$

이 된다.

회전자 슬롯 크기의 결정은 고정자의 경우와 같이 $B_{t\max} \leq 2.0\ \text{T}$로 하면

$$t_{\min} = \frac{t_r l_l}{k_l l_n}\frac{B_g}{B_{t\max}} = \frac{0.0196 \times 0.22 \times 0.635}{0.9 \times 0.21 \times 2.0} = 0.0072\ \text{m} = 0.72\ \text{cm}$$

슬롯 폭 $= 1.96 - 0.72 = 1.24\ \text{cm}$

따라서 슬롯 내 도선의 배치는 그림 15.13과 같다.

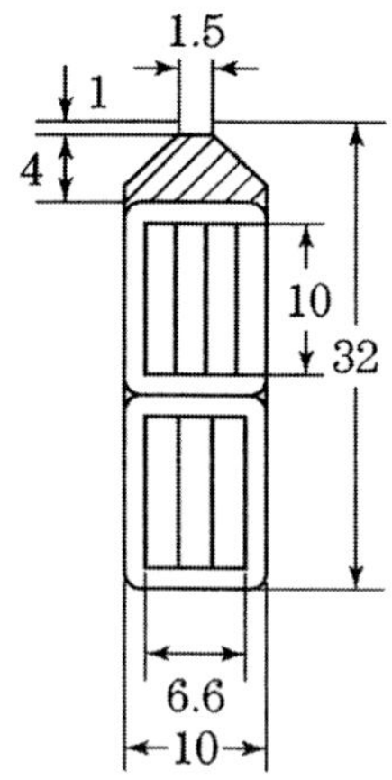

슬롯의 폭

도체 : 20개	6.6
절연 및 여유	3.4
	10.0mm

슬롯의 깊이

도체 2개	20
쐐기의 두께	4
슬롯 개구의 깊이	1
절연 및 여유	7
	32mm

그림 15.13 유도 전동기 회전자 슬롯의 치수

15.2.3 누설 리액턴스의 계산

유도 전동기의 설계에서는 누설 리액턴스의 계산이 가장 중요하며, 이 값을 정확하게 계산할 수 있으면 계산상 특성과 실제 특성이 매우 비슷해진다. 계산에는 여러 가지가 있지만, 여기서는 **아담스(Adams) 공식**을 사용한다.

$$X = fK'S_{n1}^2 \times 2pq_1 l_n \times 10^{-8}\left\{7.9\left(k_1 + \frac{N_1}{N_2}k_2\right) + 5.26\frac{t}{\delta}k_3 \right.$$
$$\left. + \left(2.36\frac{l_1}{l_n}q_1\right) \times \frac{\log(m_1\beta)}{K'} + \alpha \times \frac{K}{K_1} \times \frac{D}{2p} \times \frac{q_1}{\delta}\right\} [\Omega] \tag{15.11}$$

여기서, K' 권선 피치 계수(그림 15.14), f: 주파수 [Hz], S_{n1}: 1슬롯 내의 유효 도체 수= 1슬롯 내 도체 수/병렬 회로수, $2p$: 극수, l_n: 철심 적층(통풍 덕트 제외), k_1, k_2: 고정자 및 회전자의 슬롯 정수(그림 15.15), N_1, N_2: 고정자 및 회전자의 슬롯수, δ: 공극 길이 [cm], t: 평균 슬롯 피치$=(t_s + t_r)/2$, $k_3 = \left(\frac{t_{is} + t_{ir}}{2t} - \frac{1}{2}\right)^2$, l_1: 고정자 코일단의 길이(1회), q_1: 고정자 1극 1상의 슬롯의 수, m_1: 고정자의 상수, β: 권선피치, K: 상대 자기 누설 계수(그림 15.16), D: 공극 직경 [cm], $K_1 = \frac{t_s}{t_{is}} \times \frac{t_r}{t_{ir}}$, t_{is}, t_{ir}: 고정자 및 회전자의 치의 유효폭 [cm], α: 정수(권선형에서는 $\alpha = 0.045$, 농형에서는 $\alpha = 0.0166$)

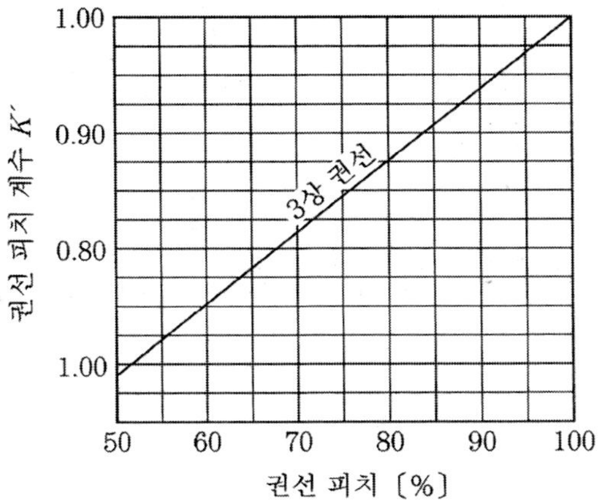

그림 15.14 유도 전동기 권선피치 계수

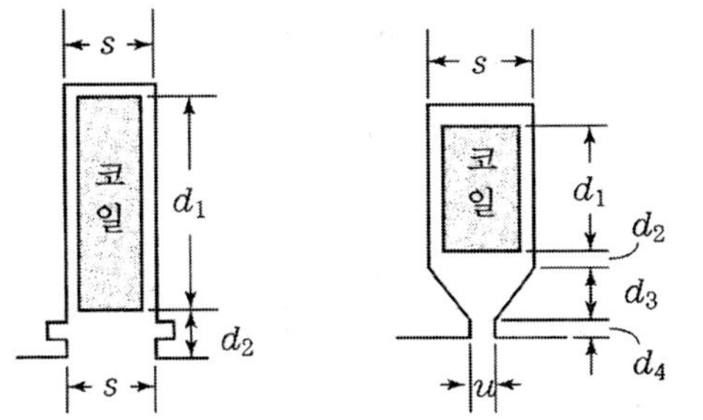

$$k_1=\frac{d_1}{3s}+\frac{d_2}{s} \qquad k_2=\frac{d_1}{3s}+\frac{d_2}{s}+\frac{2d_3}{w+s}+\frac{d_4}{w}$$

그림 15.15 슬롯 정수

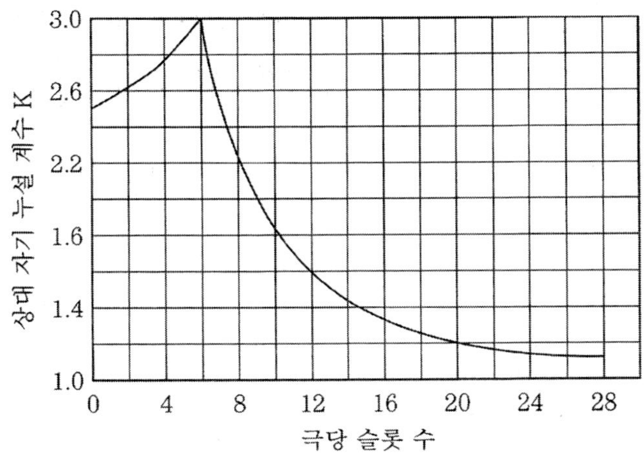

그림 15.16 상대 자기 누락 계수

$f=50$, $K'=0.918$, S_{n1}^2 : $(20/1)^2=400$, $2pq_1=8\times5=40$, $l_n=21$로 하면

$$fK'S_{n1}^2\times2pq_1l_n\times10^{-8}=0.1542$$

다음으로

$$k_1=\frac{47}{3\times9.5}+\frac{6.3}{9.5}\fallingdotseq2.31$$

$$k_2=\frac{23.4}{3\times10}+\frac{1.7}{10}+\frac{2\times4.0}{10+1.5}+\frac{1}{1.5}\fallingdotseq2.31$$

$$\therefore\ 7.9\left(k_1+\frac{N_1}{N_2}k_2\right)=7.9\times5.20=41.06$$

나아가

$$t_s = \frac{60\pi}{120} = 1.57 \text{ cm}, \ t_r = \frac{59.8\pi}{96} = 1.96 \text{ cm}$$

$$t = \frac{1.57 + 1.96}{2} \fallingdotseq 1.76 \text{ cm}$$

고정자에 대해서, $s/\delta = 0.95/0.1 = 9.5$에 대한 카터 계수는 식 (10.25)로부터

$$k_c = \frac{1.57}{1.57 - 6.3 \times 0.1} = 1.67$$

$$t_{is} = 1.57/1.67 = 0.94 \text{ cm}$$

회전자에 대해서 $w/\delta = 0.15/0.1 = 1.5$에 대한 카터 계수는 위와 같이

$$k_c = \frac{1.96}{1.96 - 0.4 \times 0.1} = 1.02$$

$$t_{ir} = 1.96/1.02 = 1.92 \text{ cm}$$

$$k_3 = \left(\frac{t_{is} + t_{ir}}{2t} - \frac{1}{2}\right)^2 = \left(\frac{0.94 + 1.92}{2 \times 1.76} - \frac{1}{2}\right)^2 = 0.098$$

$$\therefore \ 5.26\frac{t}{\delta}k_3 \fallingdotseq 5.26 \times \frac{1.76}{0.1} \times 0.098 \fallingdotseq 9.07$$

고정자 권선의 평균 턴 길이 l_m은, 식 (15.3)에 의해

$$l_m = 2\left\{23 + \frac{(60 + 5.5)\pi}{8} \times 1.35 \times 0.866\right\} + 16 = 122 \text{ cm}$$

코일단의 길이 $l_1 = l_m - 2l_n = 122 - 2 \times 21 = 80 \text{ cm}$

$$\therefore \ 2.36\frac{l_1}{l_n}q_1 \times \frac{\log(m_1\beta)}{K'} = 2.36 \times \frac{80}{21} \times 5 \times \frac{\log(3 \times 0.866)}{0.918} = 20.3$$

$K = 1.37$(그림 15.16)

$$K_1 = \frac{t_s}{t_{is}} \times \frac{t_r}{t_{ir}} = \frac{1.57}{0.94} \times \frac{1.96}{1.92} = 1.71$$

$$\alpha = 0.045$$

$$\therefore\ \alpha \times \frac{K}{K_1} \times \frac{D}{2p} \times \frac{q_1}{\delta} = 0.045 \times \frac{1.37}{1.71} \times \frac{60}{8} \times \frac{5}{0.1} = 13.52$$

$$\therefore\ X = x_1 + x_2{}' = 0.1542(41.06 + 9.07 + 20.3 + 13.52) = 12.95\,\Omega$$

15.2.4 저항의 계산

1. 고정자 권선의 저항 전체길이 $= 400 \times 122 = 48{,}800\ \text{cm}$, 단면적 $= 8.1\ \text{mm}^2$

$$75℃\ \text{에서 저항}\quad r_1 = 0.021 \times \frac{488}{8.1} = 1.27\,\Omega$$

2. 회전자 코일의 저항 회전자 코일의 평균 턴 길이는

$$2\left\{23 + \frac{(59.8 - 3.2)\pi}{8} \times 1.35\right\} + 16 = 122\ \text{cm}$$

전체길이 $= 122 \times 32 = 3{,}904\ \text{cm}$, 단면적 $= 66\ \text{mm}^2$

$$\therefore\ 75℃\ \text{에서 저항}\ r_2 = 0.021 \times \frac{39.04}{66} = 0.0124\,\Omega$$

1차 1상으로 환산하면

$$r_2{}' = r_2 \times \frac{m_1}{m_2}\left(\frac{w_1}{w_2}\frac{k_{w1}}{k_{w2}}\right)^2 \tag{15.12}$$

여기서, m_1: 1차 상수, m_2: 2차 상수, w_1: 1차 턴 수, w_2: 2차 턴 수, k_{w1}: 1차 권선 계수, k_{w2}: 2차 권선 계수

$$\therefore\ r_2{}' = 0.0124 \times \frac{3}{3} \times \left(\frac{400}{32} \times \frac{0.978}{1}\right)^2 = 1.85\,\Omega$$

15.2.5 자기회로 및 자화 전류의 계산

자기회로 및 자화 전류의 계산은 표 15.7에 나타난 것처럼 시행한다.
슬롯에 대한 카터 계수는

$$1차\ k_c = 1.67,\quad 2차\ k_c' = 1.02$$

치의 단면적 A_t는 치의 폭 w_t 가 최소인 부분에서 치의 높이의 1/3 위치의 단면적을 취한다.

표 15.7 자기회로의 계산

$$\Phi = \frac{E_1}{4.44 \times f \times \omega_1 \times k_p \times k_b} = 0.0209\ \text{Wb}$$

자기회로	길이[cm]	단면적[m²]	자속[Wb]	자속밀도[T]	F/cm	F
공극	0.1 $k_c = 1.67$ $k_c' = 1.02$	$\tau l_l = 0.235 \times 0.22$ $= 0.052$	0.0209	0.403		543
고정자 치	5.5	0.0189	0.0209	1.11	3.4	18.7
고정자 철심	$\frac{\pi D_1}{2 \times 2p} = \frac{\pi 82}{2 \times 8}$ $= 16.1$	$^*2 \times h_s l_n \times k_l$ $= 2 \times 0.055$ $\times 0.21 \times 0.9$ $= 0.0208$	0.0209	1.0	3.2	51.5
회전자 치	3.2	0.0185	0.0209	1.13	5.0	16
회전자 철심	$\frac{^*(D - 2l_{t2})\pi}{2 \times 2p}$ $\frac{(59.8 - 2 \times 3.2)\pi}{2 \times 8}$ $= 10.5$	$^*2h_r l_n \times k_l$ $= 2 \times 0.046$ $\times 0.21 \times 0.9$ $= 0.0174$	0.0209	1.20	5.6	58.8
					총 F	688

* h_s : 고정자 철심의 반경방향의 깊이 [m], l_{t2} : 회전자 치의 길이 [m]
h_r : 회전자 철심의 반경방향의 깊이 [m]

치의 수 n_t는 1극 당 치의 수를 취한다.

$$A_t = w_t \times n_t \times l_n \times k_i\ [\text{cm}^2]$$

필요한 자화 전류의 계산은 식 (10.56)을 이용한다.

$$I_m = \frac{1.16F \times 2p}{2w_1 k_p k_d}\ [\text{A}] \tag{15.13}$$

여기서, F: 필요한 전체 기자력 [A], k_p: 단절 계수, k_d: 분포 계수, $2p$: 극수, w_1: 1차 1상의 직렬로 연결된 권선 턴 수

$$I_m = \frac{1.16 \times 688 \times 8}{2 \times 400 \times 0.978 \times 0.957} = 8.53 \text{ A}$$

15.2.6 무부하손

고정자 철심의 부피 V_{at}는 다음 식으로부터 산출된다.

$$V_{at} = \pi(D - h_s) \times h_s \times l_n \times k_l \, [\text{cm}^3] \tag{15.14}$$

여기서, D_1: 철심 외경 [cm], h_s: 철심 깊이 [cm], l_n: 철심 적층 [cm](통풍 덕트를 제외한다), k_l: 점적률

$$\therefore \; V_{at} = \pi(82 - 5.5) \times 5.5 \times 21 \times 0.9 = 25{,}000 \text{ cm}^3$$

고정자 치의 부피 V_{at}는 다음 식으로부터 산출된다.

$$V_{at} = N_1 \times l_{t1} \times t_{mean} \times l_n \times k_l \, [\text{cm}^3] \tag{15.15}$$

여기서, N_1: 1차 치의 수, l_{t1}: 치의 길이 [cm], t_{mean}: 치의 폭의 평균치 [cm]

$$\therefore \; V_{as} = 120 \times 5.5 \times \left\{ \frac{(60 + 5.5)\pi}{120} - 0.95 \right\} \times 21 \times 0.9 = 9{,}540 \text{ cm}^3$$

1. 철심의 손실 11.2.4절로부터

$$W_c = (k_H W_H + k_E W_E) V_{as} \times 7.75 \times 10^{-3} \, [\text{W}]$$

히스테리시스손 $W_H = \varepsilon \dfrac{f}{100} B^2 = 4.7 \times \dfrac{50}{100} \times 1^2 = 2.35 \text{ W/kg}$

단, ε은 표 11.1에서 4.7

와전류손 $W_E = \sigma \left(\dfrac{f}{100} B \right)^2 = 3.2 \times \left(\dfrac{50}{100} \right)^2 \times 1^2 = 0.8 \text{ W/kg}$

단, σ은 표 11.1에서 3.2

$$\therefore\ W_c=(2\times2.35+1.8\times0.8)\times25{,}000\times7.75\times10^{-3}=1{,}190\text{ W}$$

2. 치의 손실 11.2.4절로부터

$$W_t=(k_H W_H+k_E W_E)V_{at}\times7.75\times10^{-3}\ [\text{W}]$$

$$W_E=\sigma\frac{f}{100}B^2=4.7\times\frac{50}{100}\times1.11^2=2.90\text{ W/kg}$$

$$W_E=\sigma\left(\frac{f}{100}B\right)^2=3.2\times\left(\frac{50}{100}\times1.11\right)^2=0.99\text{ W/kg}$$

$$\therefore\ W_t=(1.2\times2.90+1.5\times0.99)\times9{,}540\times7.75\times10^{-3}=367\text{ W}$$

$$\therefore\ \text{전철손}=W_c+W_t=1{,}190+367=1{,}557\text{ W}$$

이 밖에, 극편표면 맥동손과 치 맥동손이 있다(11.2.6절 및 11.2.7절). 이들을 상기 철손의 50%라고 하면

$$\text{전철손}=1.5\times1{,}557=2{,}336\text{ W}$$

$$\text{마찰손 및 풍손}=1{,}320\text{ W},\ \text{무부하손실}=3{,}656\text{ W}$$

$$\text{무부하 전류의 유효분}\quad I_c=\frac{\text{무부하손실}}{3\times E_1}=\frac{3{,}656}{3\times1{,}732}\fallingdotseq0.70\ A$$

$$\therefore\ \text{무부하전류}\quad I_0=\sqrt{I_m^2+I_c^2}=\sqrt{8.53^2+0.70^2}=8.56\text{ A}$$

15.2.7 저항손

1. 1차 저항손 $3\times I_1^2\times r_1=3\times26.7^2\times1.27=2{,}716\text{ W}$

2. 2차 저항손 $3\times I_2^2\times r_2=3\times272^2\times0.0124=2{,}752\text{ W}$

3. 전 저항손 $2{,}716+2{,}752=5{,}468\text{ W}$

15.2.8 전손실, 효율 그 외

철손 2,336 W, 기계손 1,320 W, 저항손 5,468 W, 표류부하손 550 W

전철손 $2,336 + 1,320 + 5,468 + 550 = 9,674$ W

효율 $\dfrac{110,000}{110,000 + 9,674} = 0.919$

슬립 $s = \dfrac{\text{2차 저항손}}{\text{2차 저항손} + \text{출력} + \text{기계손} + \text{표류부하손}} = \dfrac{2,797}{114,622} \fallingdotseq 0.024$

JEC 2137의 등가 회로는 TII형이지만, 이 장에서는 기존에 사용되고 있던 간이형의 L형 등가 회로를 이용해 특성을 산출한다.

$$\text{역률 } \cos\varphi = \frac{1}{\sqrt{1 + \left\{ \dfrac{(x_1 + x_2')I_2'}{E/\sqrt{3}} + \dfrac{I_0}{I_2'} \right\}^2}} = \frac{1}{\sqrt{1 + \left(\dfrac{12.95 \times 25.3}{1,732} + \dfrac{8.56}{25.3} \right)^2}}$$
$$= 0.884$$

여기서, I_2': 1차로 환산한 2차 전류$= \sqrt{I_1^2 - I_0^2} = \sqrt{26.7^2 - 8.56^2} = 25.3$ [A]

$$\text{최대 토크} = \frac{E^2}{2\left\{ r_1 + \sqrt{r_1^2 + (x_1 + x_2')^2} \right\}} = 313,300 \text{ [동기와트]}$$

$$= 9.55 \times \frac{313,300}{\text{동기속도}} \text{ [N · m]} = 9.55 \times \frac{313,300}{750} = 3,989.4 \text{ N · m}$$

(정격 토크의 275%)

$$\text{전부하 전류 } I_1 = \frac{110 \times 10^3}{\sqrt{3} \times 3,000 \times 0.919 \times 0.884} = 26.1 \text{ A}$$

제16장 제도의 기본

16.1 서 론

제도란 제작의 목적으로 대상물 등을 그림으로 나타내는 것을 말하며, 그 생산물을 **도면**이라고 한다. 도면은 많은 정보를 가지고 있으며 읽는 사람에게 정보를 정확하게 전달하지 않으면 안 된다. 이 때문에 도면을 작성하는 사람 사이에 공통의 약속이 필요하므로, 제도 규격을 적용하는 것이 중요하다. 또한, 전 세계적으로 공통되는 국제적인 약속도 필요하다.

제도에는 기계제도, 전기제도, 건축제도 등 업종별로 여러 가지가 있지만, 기본적인 것은 공통적이다.

이 장에서는 그 공통의 기본과 기계제도의 기초를 설명하며, 자세한 사항은 기계제도 전문서를 참조하길 바란다.

16.2 투영법

대상물은 3차원의 입체이다. 이것을 2차원의 평면에 표현하는 방법을 **투영법**이라고 하며, 이것에 의해서 그려진 도면을 **투영도**라고 한다. 투영도로부터 3차원의 대상물을 종합할 수 있다.

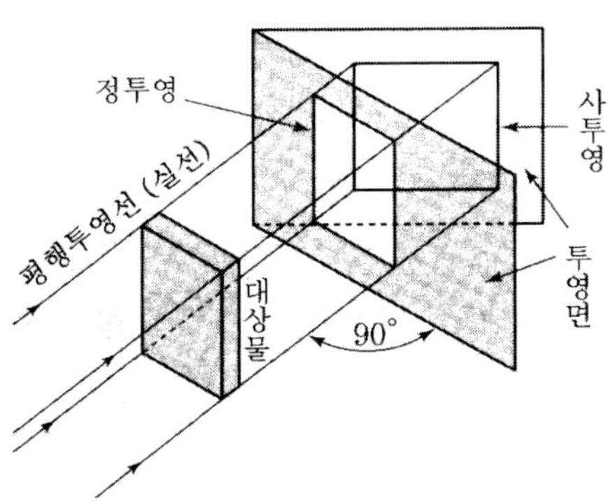

(a) 평행투영법

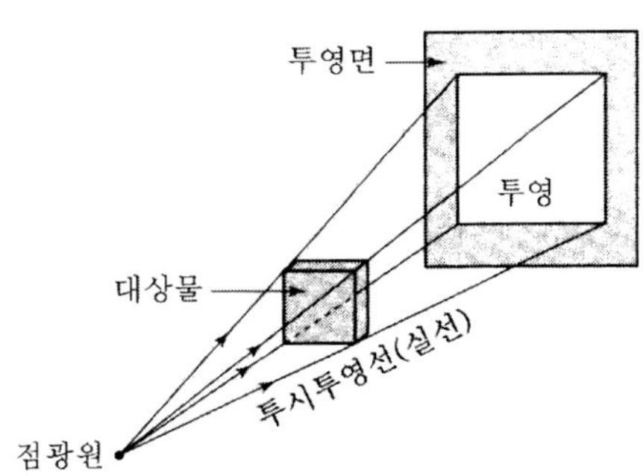

(b) 투시투영법

그림 16.1 투영도법

투영법에는 그림 16.1(a)와 같이 투영선이 평행한 **평행투영법**과 그림 16.1(b)와 같이 투영선이 한 점에 수렴하는 **투시투영법**이 있다.

투영도를 투영 방법에 따라 분류하면 그림 16.2와 같이 된다.

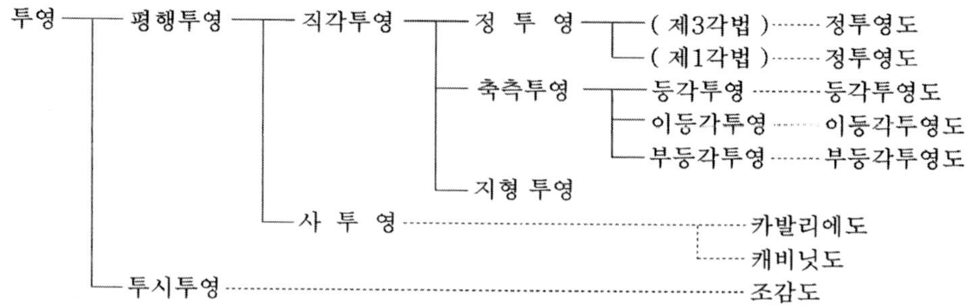

그림 16.2 투영도의 분류

16.2.1 투영도의 명칭

투영도는 대상물의 투영 방향에 의해서 그림 16.3과 같이 분류되어 각각 고유의 명칭으로 불리고 있다.

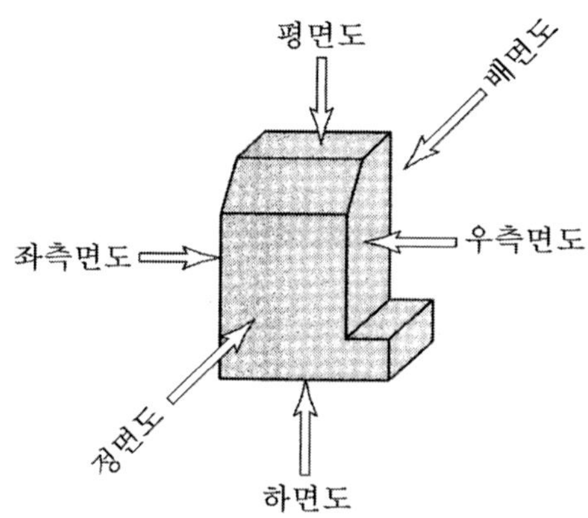

그림 16.3 투영도의 명칭

여기서, **정면도**는 대상물의 정면 방향에서의 투영도이며, **평면도**는 대상물의 윗면 방향에서의 투영도이다. 정면도(주투영도)가 선정되면, 관련되는 다른 투영도는 정면도 도면 사이의 각이 90° 또는 90°의 배수가 된다.

16.2.2 정투영법

그림 16.4와 같이 서로 직교하는 화면에서 공간을 나누어 그 공간을 제1각, 제2각, 제3각, 제4각이라고 한다. 이러한 공간에 대상물을 두고 투영을 실시하며, 각 화면을 투영면으로 한다.

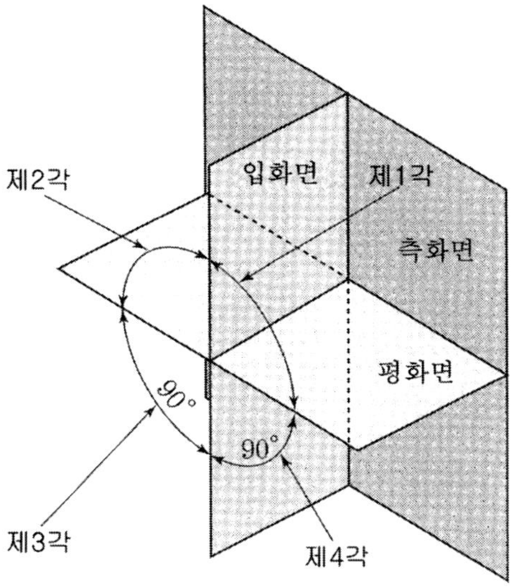

그림 16.4 이면각(제1각~제4각)명칭

제1각에 대상물을 두었을 경우, 보이는 면이 후방의 화면에 투영된다.

제3각에 두었을 경우는 보이는 면이 앞의 화면에 투영된다.

한편, 제2각, 제4각에서는 투영면이 후방의 화면과 앞의 화면이 혼합된 투영법으로 투영되기 때문에 판단이 어려워져서 사용되지 않으며 정투영법은 제1각법과 제3각법뿐이다.

JIS에서는 투영법은 원칙적으로 **제3각법**에 따라 그리도록 하고 있다. 단, 지면의 사정으로 올바른 배치에 그릴 수 없는 경우, 혹은 도형을 이해하기 어려워지는 경우는 **제1각법**을 이용해도 괜찮다. 또한, ISO에서는 제1각법과 제3각법을 동등하게 취급하고 있다.

국제적으로 영국이나 프랑스 등의 유럽계에서는 제1각법을, 미국이나 캐나다 등에서는 제3각법을 채용하고 있다.

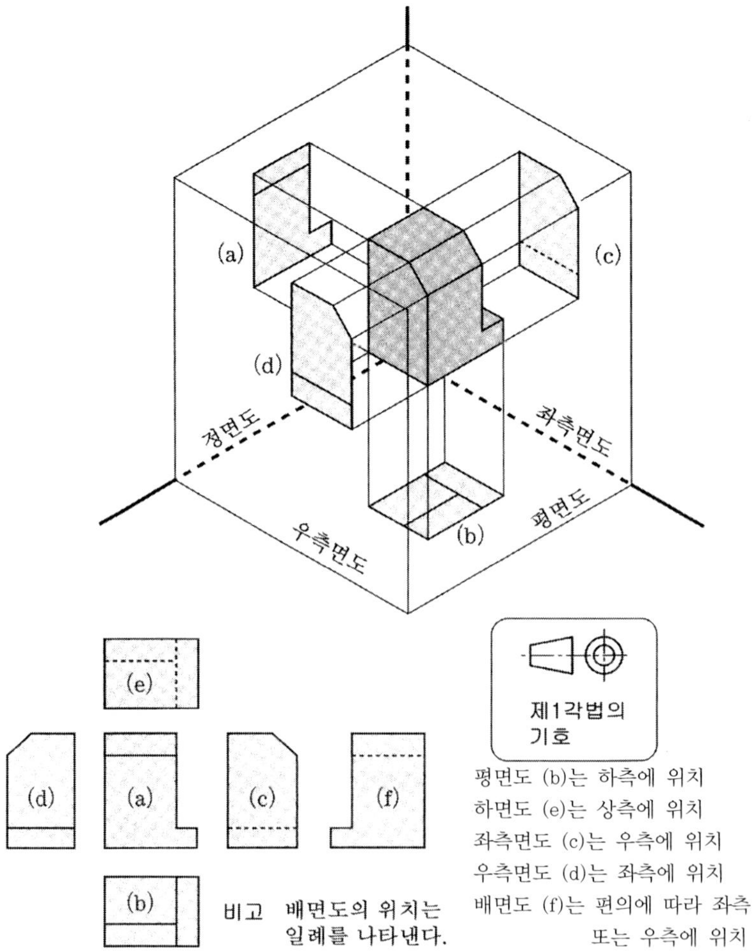

그림 16.5 제1각법

제3각법에서는 보이는 면을 앞면에 그리므로, 서로 마주보고 있어 이해하기 쉽다. 한편, 제1각법에서는 보이는 면을 반대 면에 그리므로 옆이 긴 대상물에서는 멀리 보이도록 그리게 된다. 이 때문에 조선 분야에서는 잘 사용되고 있지만, 보조투영법을 적용할 수 있기 때문에 제1각법을 따르지 않아도 불편하지 않으므로, 제3각법이 원칙이 되고 있다.

정면도 (a)를 기준으로 제1각법 및 제3각법을 각각 그림 16.5 및 그림 16.6에 나타낸다. 또한 투영법을 명확하게 하기 위해 표제란이나 근처에 기호를 표시한다.

16.2.3 입체투영도

대상물의 형상을 이해하기 쉽게 하는 목적 등에서 입체도를 필요로 하는 경우에는 그림 16.7과 같이 등각투영, 사투영, 투시투영 등을 이용해 그린다.

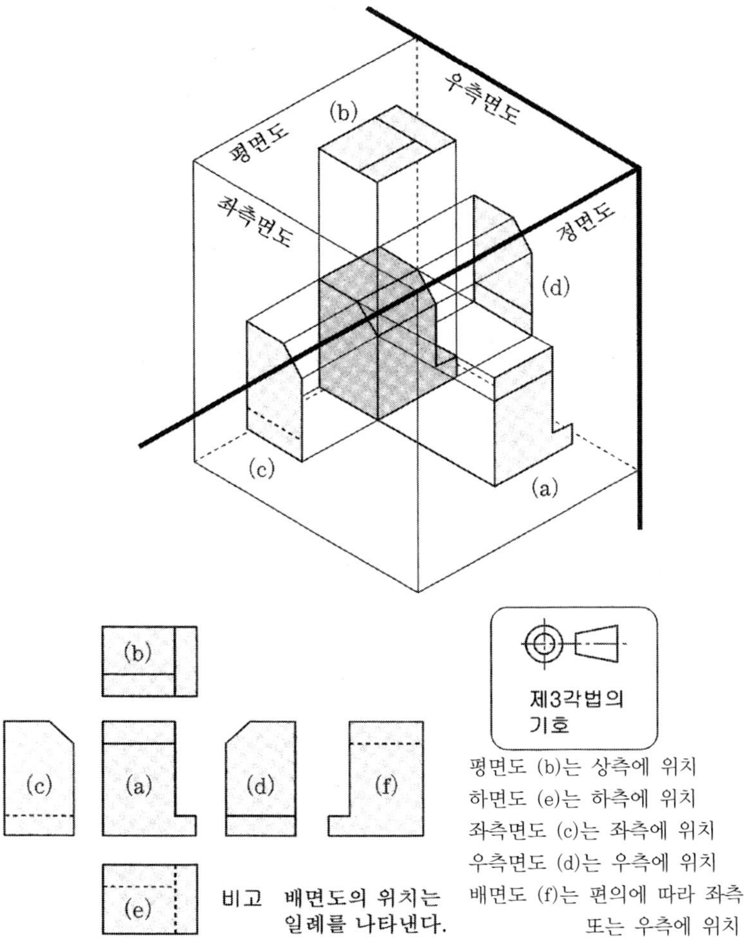

그림 16.6 제3각법

입체투영도에는 대상물을 투영면에 대해서 기울여 두어, 그 기울기의 방향에 의해서 나누면 세 종류가 있다.

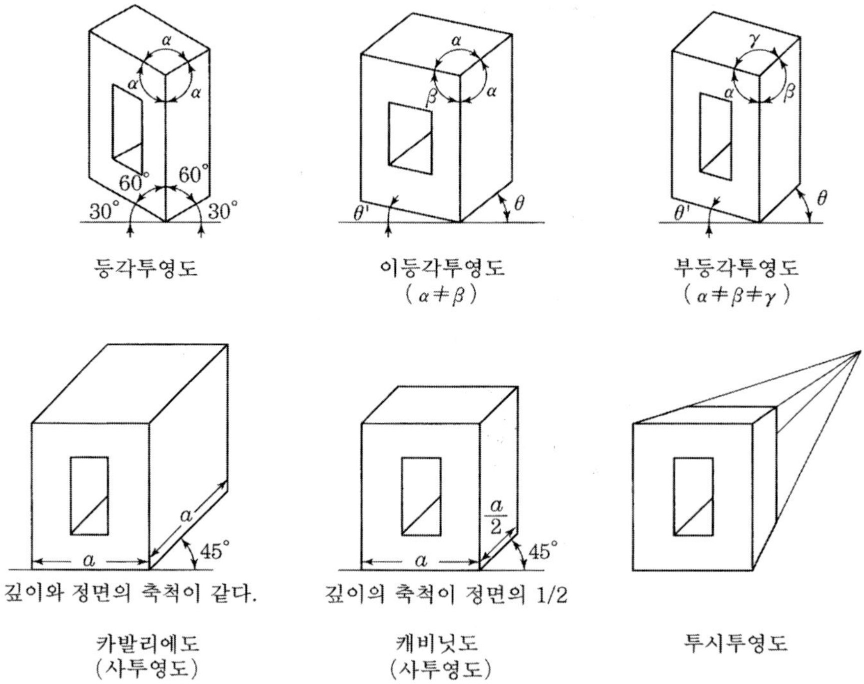

그림 16.7 입체투영도의 예

16.3 규 격

도면은 공학상의 언어이며, 그리는 사람과 읽는 사람이 같이 이해할 수 있어야 한다. 이처럼 하나의 뜻을 갖기 위해 규격이 필요하다.

제도에 관한 규격은 그림 16.8과 같이 체계화되어 있다. 투영법, 도형의 표시법, 기계요소의 표시법, 치수의 기입법, 공차의 기입법, 가공법의 지시법과 함께 상세하게 규정하고 있다.

주된 제도 관계의 규격을 표 16.1에 나타낸다.

16.3.1 도면 용지의 치수

도면은 보관 시 접거나 복사하므로, 편하게 정리되도록 치수가 정해져 있다.

JIS P 0138(종이 가공 마무리 치수)(ISO 216)에 규정되어 있는 A열 사이즈가 채용되고 있다. 그리는 대상물의 크기와 복잡함을 생각해서 적절한 치수를 선택해야 한다.

표준 크기(가장 우선)와 연장 크기(2, 3번째 선택)가 있다. 대상물의 크기와 그 외의 이유에 의해 어쩔 수 없는 경우에만 연장 크기를 이용한다.

도면 용지의 호칭법과 치수를 표 16.2에 나타낸다.

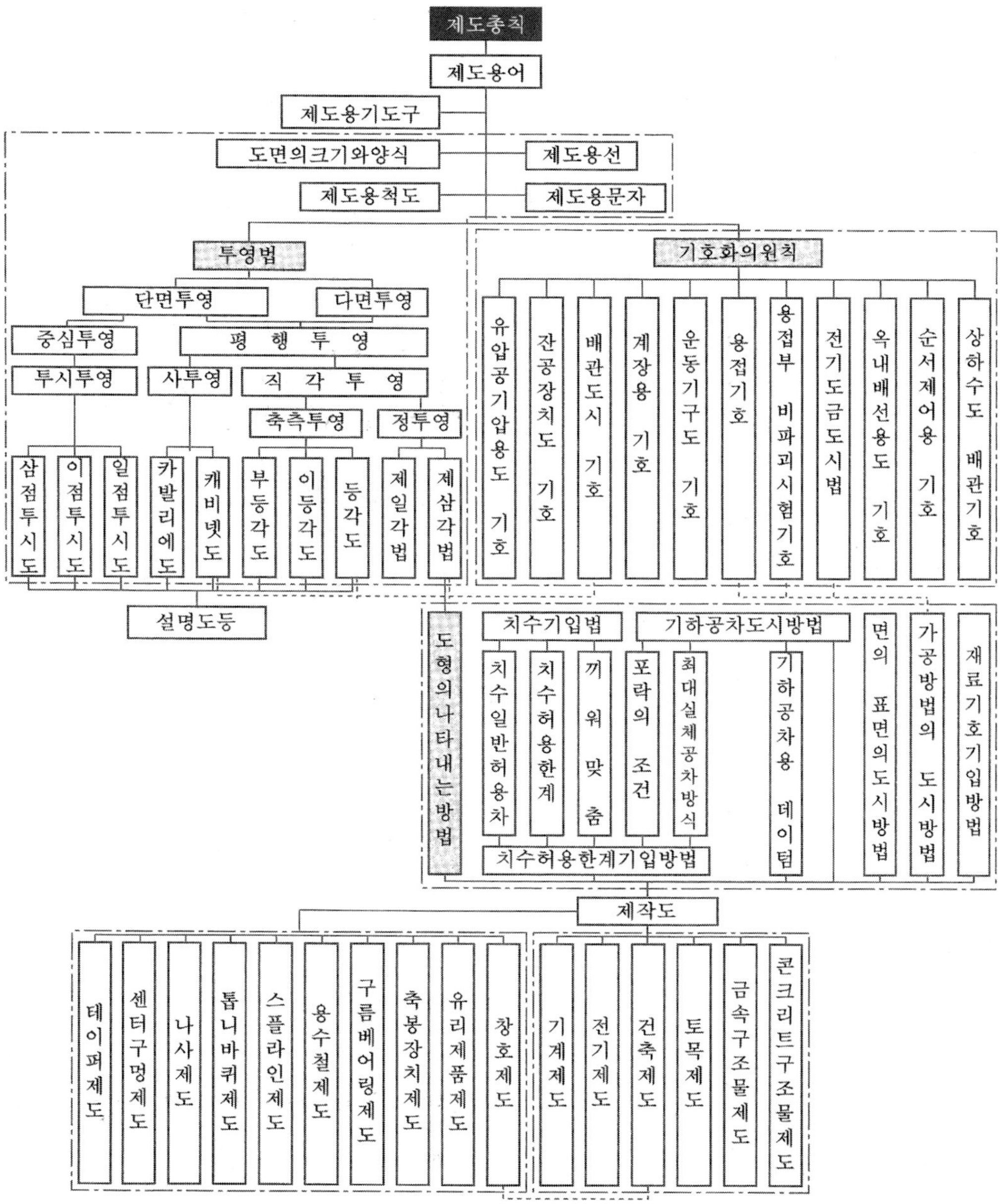

그림 16.8 제도규격의 체계

표 16.1 제도관련 규격의 체계도

(2007년 10월 현재)

규격분류	JIS번호	규격명칭	관련 국제규격
총칙	Z 8310 : 1984	제도총칙	
용어	Z 8114 : 1999	제도-제도 용어	ISO 10209-1 : 1992 ISO 10209-1 : 1993
	B 3401 : 1993	CAD 용어	
① 기본적 사항에 관한 규격	Z 8311 : 1998	제도-제도용지의 사이즈 및 도면의 양식	ISO 5457 : 1980
	Z 8312 : 1999	제도-표시의 일반원칙선의 기본원칙	ISO 128-20 : 1996
	Z 8313-0 : 1998	제도-문자-제0부 : 통칙	ISO/FDIS 3890-0 : 1997
	Z 8313-1 : 1998	제도-문자-제1부 : 로마자, 숫자 및 기호	ISO 3098-1 : 1974
	Z 8313-2 : 1998	제도-문자-제2부 : 그리스 문자	ISO 3098-2 : 1984
	Z 8313-10 : 1998	제도-문자-제10부 : 히라가나, 가타카나 및 한자	
	Z 8314 : 1998	제도-척도	ISO 5455 : 1979
	Z 8315-1 : 1999	제도-투영법-제1부 : 통칙	ISO 5456-1 : 1996
	Z 8315-2 : 1999	제도-투영법-제2부 : 정투영법	ISO 5456-2 : 1996
	Z 8315-3 : 1999	제도-투영법-제3부 : 축측투영	ISO 5456-3 : 1996
	Z 8315-4 : 1999	제도-투영법-제4부 : 투시투영	ISO 5456-4 : 1996
② 일반적 사항에 관한 규격	Z 8316 : 1999	제도-도형을 나타내는 원칙	ISO 128 : 1982
	Z 8317 : 1999	제도-치수기입방법-일반원칙, 정의, 기입방법 및 특수한 지시방법	ISO 129 : 1985
	Z 8318 : 1998	제도-길이 치수 및 각도치수의 허용한계 기입방법	ISO 406 : 1987
③ 부분별 독자적 사항에 관한 규격	A 0101 : 2003	토목제도통칙	
	A 0150 : 1999	건축제도통칙	
	B 0001 : 2000	기계제도	
	B 3402 : 2000	CAD 기계제도	
	F 0201 : 2005	기본선 구조도의 자동제도 통칙	
④ 특수한 부분, 부품에 관한 규격	B 0002-1 : 1998	제도-나사 및 나사부품-제1부 : 통칙	ISO 6410-1 : 1993
	B 0002-2 : 1998	제도-나사 및 나사부품-제2부 : 나사 인서트	ISO 6410-2 : 1993
	B 0002-3 : 1998	제도-나사 및 나사부품-제3부 : 간략 도시방법	ISO 6410-3 : 1993
	B 0002 : 1989	톱니바퀴 제도	
	B 0004 : 2007	용수철 제도	ISO 2162-1 : 1993
	B 0005-1 : 1999	제도-구름베어링-제1부 : 기본간략 도시방법	ISO 8826-1 : 1989
	B 0005-2 : 1999	제도-구름베어링-제2부 : 개별간략 도시방법	ISO 8826-2 : 1994
	B 0006 : 1993	제도-스플라인 및 세레이션의 표시법	ISO 6413 : 1998
	B 0011-1 : 1998	제도-배관의 간략 도시방법-제1부 : 통칙 및 정투영도	ISO 6412-1 : 1989

규격분류	JIS번호	규격명칭	관련 국제규격
④ 특수한 부분, 부품에 관한 규격	B 0011-2 : 1998	제도-배관의 간략 도시방법-제2부 : 등각투영도	ISO 6412-2 : 1989
	B 0011-3 : 1998	제도-배관의 간략 도시방법-제3부 : 환기계 및 배수계의 말단장치	ISO 6412-3 : 1993
	B 0041 : 1999	제도-센터구멍의 간략 도시방법	ISO 6411 : 1982
	B 0051 : 2004	제도-부품의 엣지-용어 및 지시방법	ISO 13715 : 2000
⑤ 그림 기호에 관한 규격	Z 3021 : 2000	용접 기호	ISO 2553 : 1992
	Z 8204 : 1983	계장용 기호	ISO 3511-1 : 1977
	Z 8207 : 1999	진공장치용 그림기호	ISO 3753 : 1977
	Z 8209 : 1998	화학플랜트용 배관 그림기호	
	Z 8840 : 1993	분체기기-그림기호	
	Z 8842 : 1998	분체계장기기 기호	
	Z 9201 : 1958	열감정선 그림기호	
	A 1051 : 1961	창호기호	
	B 1022 : 1978	가공방법 기호	
	B 1025-1 : 2001	유압, 공기압 시스템 및 기로-그림기호 및 회로도-제1부 : 그림기호	
	C 0303 : 2000	구내 전기설비의 배선용 그림기호	
	C 0617 : 1999	전기용 그림기호-제1부 : 개설	IEC 60617-1 : 1985
	C 0617-2 : 1997	전기용 그림기호-제2부 : 그림기호 요소, 한정 그림기호 및 그 외의 일반용 그림기호	IEC 60617-2 : 1996
	C 0617-3 : 1997	전기용 그림기호-제3부 : 도체 및 접속부품	IEC 60617-3 : 1996
	C 0617-4 : 1997	전기용 그림기호-제4부 : 기초수동부품	IEC 60617-4 : 1996
	C 0617-5 : 1999	전기용 그림기호-제5부 : 반도체 및 전자관	IEC 60617-5 : 1996
	C 0617-6 : 1999	전기용 그림기호-제6부 : 전기에너지의 발생 및 변환	IEC 60617-6 : 1996
	C 0617-7 : 1999	전기용 그림기호-제7부 : 개폐 장치, 제어 장치 및 보호 장치	IEC 60617-7 : 1996
	C 0617-8 : 1999	전기용 그림기호-제8부 : 계기, 램프 및 신호장치	IEC 60617-8 : 1996
	C 0617-9 : 1999	전기용 그림기호-제9부 : 전기통신 : 교환기기 및 주변기기	IEC 60617-9 : 1996
	C 0617-10 : 1999	전기용 그림기호-제10부 : 전기통신 : 전송	IEC 60617-10 : 1996
	C 0617-11 : 1999	전기용 그림기호-제11부 : 건축설비 및 지도상의 설비를 나타내는 설치평면도 선도	IEC 60617-11 : 1996
	C 0617-12 : 1999	전기용 그림기호-제12부 : 2차 논리소자	IEC 60617-12 : 1997
	C 0617-13 : 1999	전기용 그림기호-제13부 : 아날로그소자	IEC 60617-13 : 1993
	F 7006 : 2004	선박 배관계통 그림기호	
	H 0404 : 1988	전기도금의 기호에 의한 표시법	
	-	동력도-그림기호	ISO 3952-4 : 1984

표 16.2 도면용지의 호칭법과 치수

단위 mm

크기	명칭	치수 a×b
A열 크기 (제1우선)	A0	841×1189
	A1	594×841
	A2	420×594
	A3	297×420
	A4	210×297
특별연장 크기 (제2우선)	A3×3	420×891
	A3×4	420×1189
	A4×3	297×630
	A4×4	297×841
	A4×5	297×1051
예외연장 크기 (제3우선)	A0×2[1)]	1189×1682[2)]
	A0×3	1189×2523
	A1×3	841×1783
	A1×4	841×2378[2)]
	A2×3	594×1261
	A2×4	594×1682
	A2×5	594×2102
	A3×5	420×1486
	A3×6	420×1783
	A3×7	420×2080
	A4×6	297×1261
	A4×7	297×1471
	A4×8	297×1682
	A4×9	297×1892

주 1) 이 크기는 A열의 2A0와 동일하다.
2) 이 크기는 취급상의 이유로 사용을 추천하지 않는다.

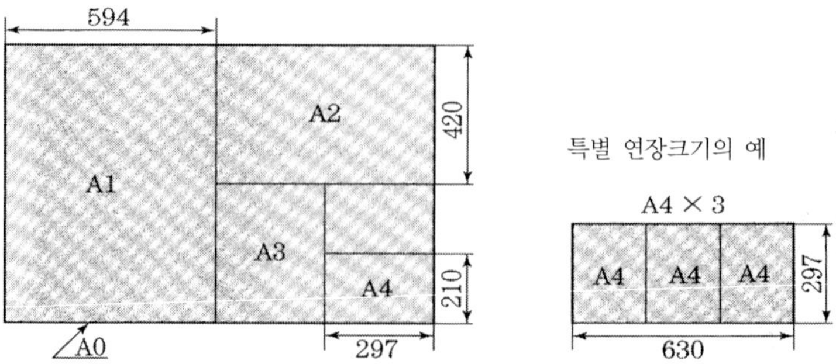

그림 16.9 도면용지의 크기

A0 치수의 $a \times b$는 $1\,\mathrm{m}^2$이고, $a : b = 1 : \sqrt{2}$ 의 비율이며, 이 비율은 면적을 반으로 줄여도 변하지 않다. A0, A1, A2, A3의 관계를 그림 16.9에 나타내었다.

16.3.2 선의 용도

선의 종류에는 실선, 파선, 일점쇄선, 이점쇄선 4종류가 있다. 또, 선의 굵기에는 가는 선, 굵은 선, 아주 굵은 선 3종류가 있으며, 굵기의 비율은 1:2:4로 한다.

선의 용법과 종류 및 용도를 표 16.3에, 용법의 도례를 그림 16.10에 나타냈다. 그림에서 동그라미 번호와 표 안의 조합번호 설명을 관련지어 참조하기 바란다.

좋은 도면이란

도형의 정보가 적절한 것. 즉 형태와 치수 비율이 시각적으로 이해할 수 있어야 한다. 정면으로 두는 그림은 대상물의 형태·기능의 특징을 분명히 나타내는 면으로 한다(그림 A보다 그림 B가 좋다). 보충하는 투영도는 과하거나 부족하지 않고 불필요한 도면이 없는 것.

규격을 표기하고, 약도, 기호를 이용해 그려서 도면을 복잡하게 하지 않는 것. 가공도에서는 공작기계에 부착한 상태, 공구의 움직임 등을 생각한 정면도인 것(그림 C)

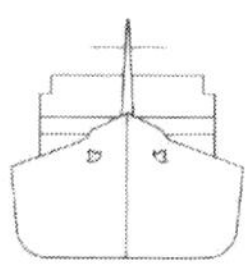

그림 A 선박 정면의 도형

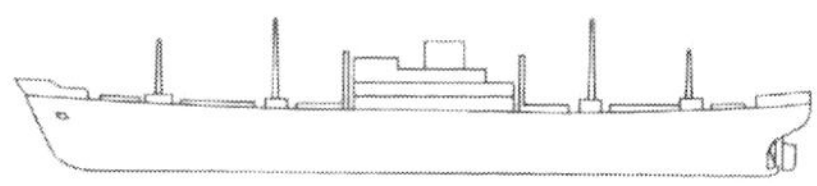

그림 B 선박 측면의 도형

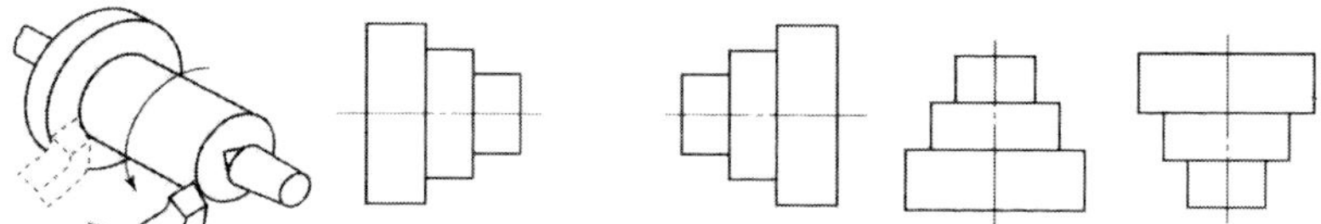

(a) 축의 도시법

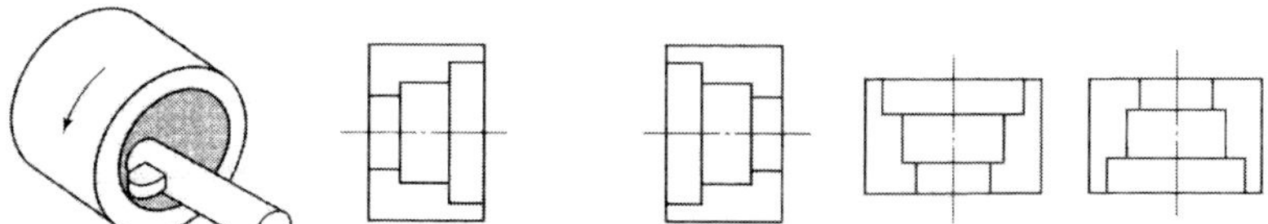

(b) 구멍의 도시법

그림 C 선삭하는 부품의 도시

출처: JIS 사용법 시리즈 제도 매뉴얼(2000년판), 일본규격협회

표 16.3 선의 종류 및 용도

용도에 의한 명칭	선의 종류[3]		선의 용도	그림 16.10의 조합 번호
외형선	굵은 실선	━━━━━━	대상물이 보이는 부분의 형상을 나타내는데 이용	1.1
치수선	가는 실선	──────	치수를 기입하는데 이용	2.1
치수보조선			치수를 기입하기 위해 도형으로부터 꺼내는데 이용	2.2
인출선			기술기호 등을 나타내기 위해 꺼내는데 이용	2.3
회전단면선			도형 내에 그 부분의 단면을 90도 회전해 나타내는데 이용	2.4
중심선			도형의 중심선(4.1)을 간략히 나타내는데 이용	2.5
수평면선			수면, 유면 등의 위치를 나타내는데 이용	2.6
숨은선	가는 실선 또는 굵은 점선	- - - - - - - -	대상물의 안 보이는 부분의 형상을 나타내는데 이용	3.1
중심선	가는 일점쇄선	-·—·—·—	a) 도형의 중심을 나타내는데 이용 b) 중심이 이동하는 중심 궤적을 나타내는데 이용	4.1 4.2
기준선			특히 위치결정의 근거인 것을 명시하는데 이용	4.3
피치선			반복도형의 피치를 취하는 기준을 나타내는데 이용	4.4
특수지정선	굵은 일점쇄선	━·━·━·━	특수한 가공을 원하는 부분 등 특별한 요구사항을 적용해야 할 부분을 나타냄	5.1

용도에 의한 명칭	선의 종류[3)]		선의 용도	그림 16.10의 조합 번호
가상선	가는 이점쇄선	—·—·——·—·—	a) 인접부분을 참고에 나타내는데 이용 b) 공구, 지그 등의 위치를 나타내는데 이용 c) 가동부분을 이동 중의 특정위치 또는 이동의 한계위치로 나타내는데 이용 d) 가공 전 또는 가공 후의 형상을 나타내는데 이용 e) 도시된 단면의 앞면에 있는 부분을 나타내는데 이용	6.1 6.2 6.3 6.4 6.5
중심선	가는 이점쇄선	—·—·——·—·—	단면의 중심을 늘어놓은 선을 나타내는데 이용	6.6
파단선	불규칙한 파형의 가는 실선, 지그재그선	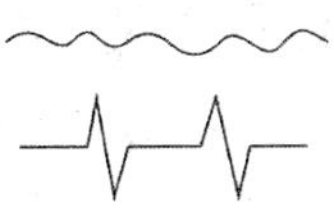	대상물의 일부를 찢는 경계, 또는 일부를 제거한 경계를 나타내는데 이용	7.1
절단선	가는 일점쇄선으로, 꺾어지는 부분을 굵게 표시한 것		단면도를 그리는 절단위치의 대응 그림에 연결하는데 이용	8.1
해칭	가는 실선으로, 규칙적으로 일정히 그은 것		그림의 한정된 특정부분을 다른 부분과 구별하기 위하여 이용	9.1
특수한 용도의 선	가는 실선	————	a) 외형선 및 숨은선의 연장을 나타내는데 이용 b) 평면인 것을 나타내는데 이용 c) 위치를 명시, 설명하는데 이용	10.1 10.2 10.3
	매우 굵은 실선		얇은 부분의 단선도시를 명시하는데 이용	11.1

주) 1) JIS Z 8316에서는 규정되어 있지 않다.

2) 가상선은 투영법상 도형에 나타나지 않지만, 편의상 필요한 형상을 나타내는데 사용한다. 또한 기능상·제작상의 이해를 돕기 위해서 도형을 보조적으로 표시하는데도 사용한다.

3) 그 외의 선의 종류는 JIS Z 8312에 의한다.

4) 다른 용도와 혼용의 우려가 없을 때에는 단부 및 방향이 바뀌는 부분을 굵게 할 필요가 없다.

비고 : 가는 선, 굵은 선, 매우 굵은 선의 굵기의 비율은 1:2:4로 한다.

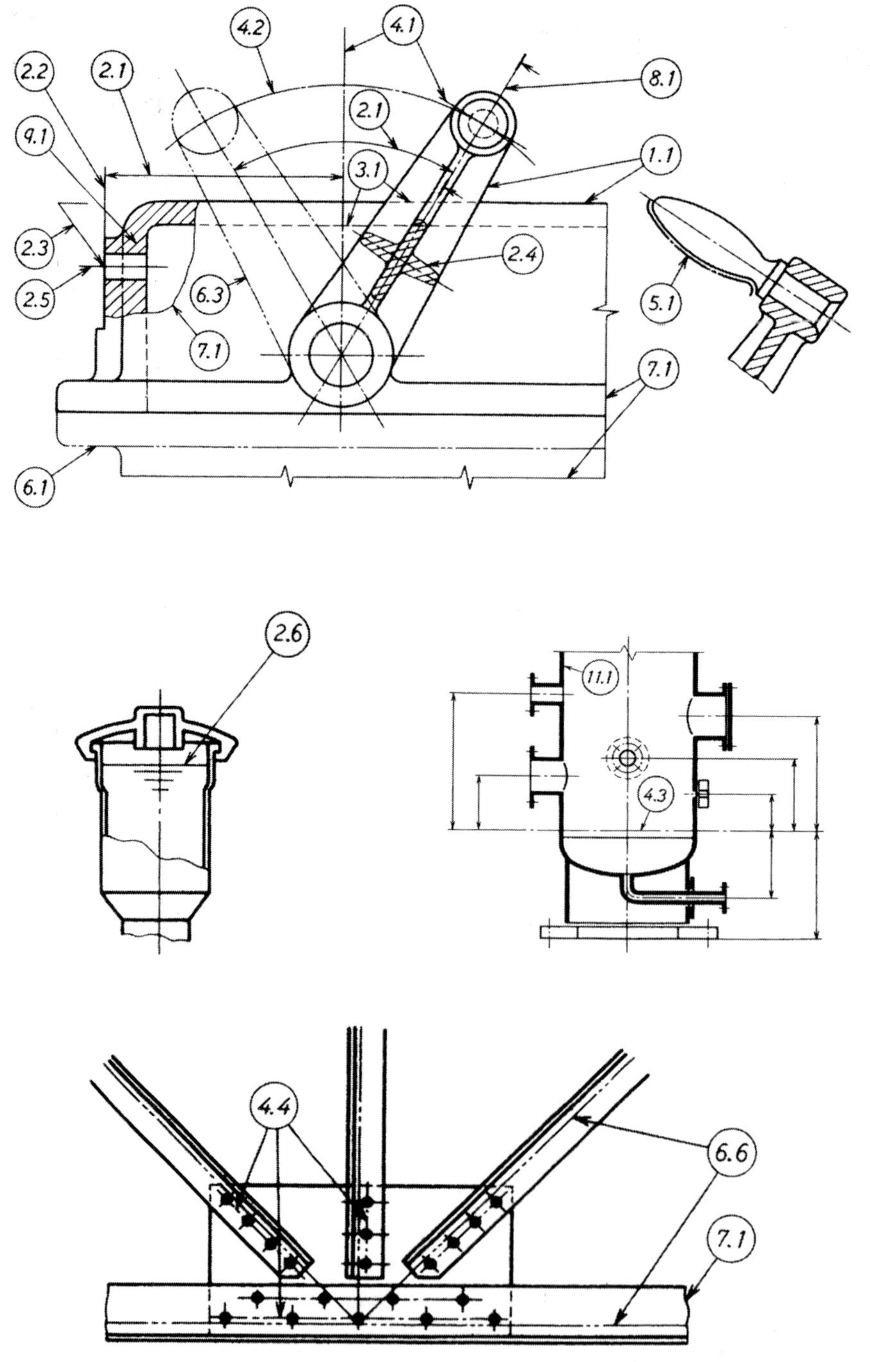

그림 16.10 선 용법의 도례 (1)

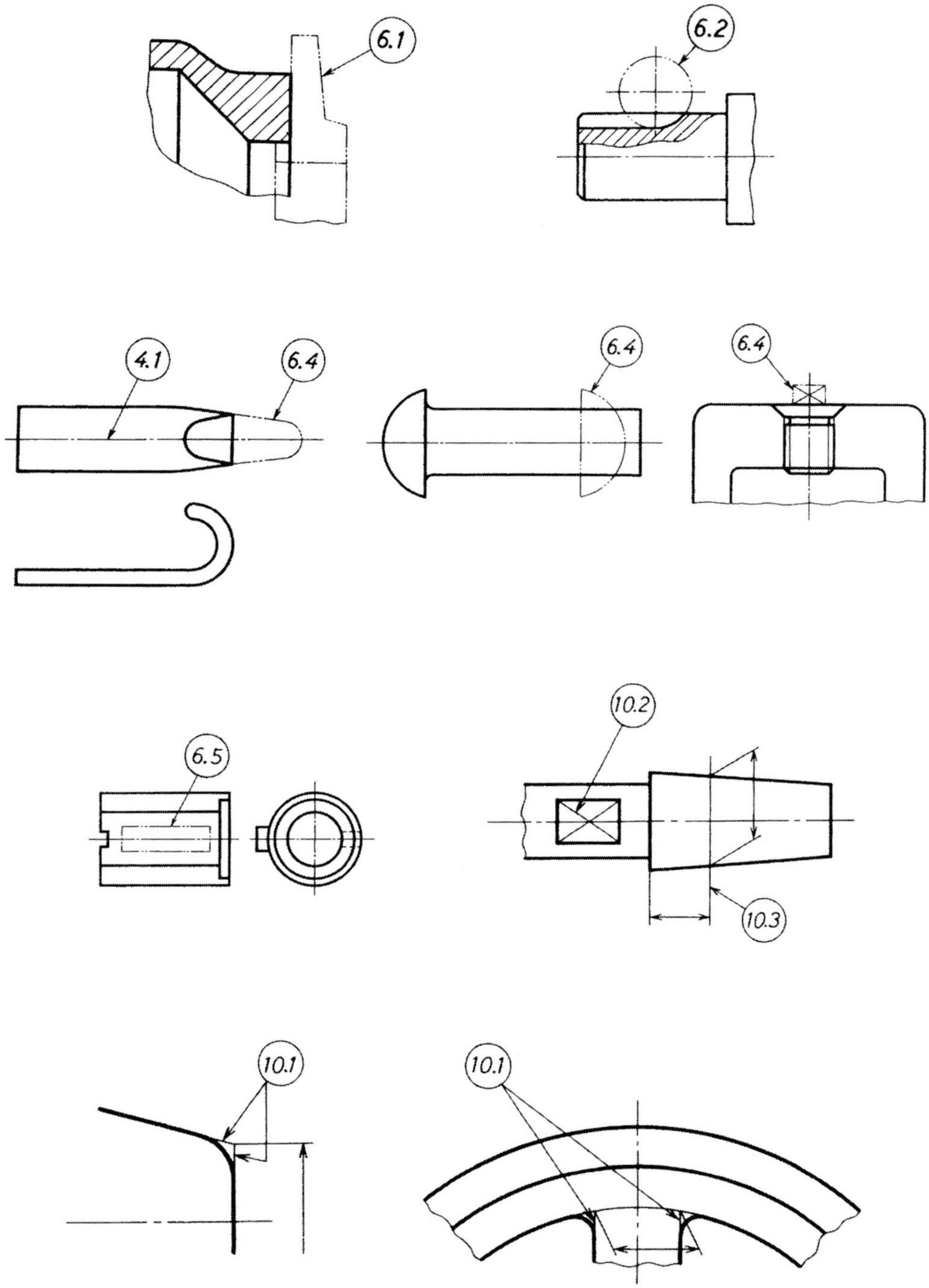

그림 16.10 선 용법의 도례(2)

찾아보기

정가 17,000원

전기설계개론 -설계 기초에서 제작의 기본까지-

2014년 7월 5일 초판 인쇄
2014년 7월 15일 초판 발행

저 자 : 広瀬敬一, 炭谷英夫
역 자 : 한양대학교 에너지변환연구실
발행자 : 우명찬 · 송 준
발행처 : 홍릉과학출판사
주 소 : ㊐ 142-885 서울시 강북구 인수봉로 50길 10
등 록 : 1976년 10월 21일 제5-66호
전 화 : 999-2274~5, 903-7037
팩 스 : 905-6729
ISBN : 979-11-5600-312-0

hongpub@hongpub.co.kr
www.hongpub.co.kr

역자와의
협의하에
인지생략